软弱岩土体与结构相互作用效应在工程中的应用研究

荣耀 俞俊平 朱利晴 孙斌 孙洋 吴文清 ———— 编著

Application Research of
Interaction Effect between Soft Soil Mass and
Structure in Engineering

中南大学出版社
www.csupress.com.cn
·长沙·

前 言 *Preface*

　　铜鼓至万载高速公路位于宜春市铜鼓县和宜丰县，地貌类型为低山丘陵，总体地势北高南低。由于受构造长期剥蚀切割作用，地形起伏较大，冲沟宽窄深浅不一，局部沟谷狭窄，山势陡峻，以构造侵蚀地貌为特征，沟谷发育方向规律性受地质构造控制。该公路项目主要位于扬子准地台西南部，与华南褶皱系交接的萍乡至乐平近东西向拗陷带的西北缘，区内新华夏系和华夏系褶皱、断裂构造颇为发育，构造面貌复杂，地层褶曲明显，构造线迹总体呈北东、北北东向，局部被北西向断裂构造切割。项目沿线地质构造较为复杂，地形起伏大，存在断层破碎带、喀斯特地段、滑坡、节理发育等不良地质现象，而软岩是一种介于土与硬岩之间的岩土体，单轴抗压强度在 0.6 ~ 15 MPa 范围内，与硬岩相比，其单轴抗压强度较低，压缩性强，但又不如土体松散，其物理力学性质较为特殊。在软弱地层、断层及其破碎带等因素影响下，隧道开挖过程中的不良地质条件及降雨造成的边坡稳定性及异型路基稳定性问题都会给高速公路的设计和施工带来一系列困难。基于以上问题，作者结合相关工程案例对软弱岩土体与结构相互作用效应进行了深入研究。

　　本书结合铜万高速公路项目场地工程地质资料和国内外相似工程的经验，通过理论分析与实际工程相结合的方式对软弱岩土体与结构相互作用效应进行了相关研究，其研究结果对类似工程具有重要指导意义。本书共分 7 章，第 1 章对国内外关于软弱岩土体的研究进行了概括，并提出了本书的研究重点；第 2 章至第 6 章分别从桥梁、隧道、边坡、路基四个方面对软弱岩土体的作用效应展开了研究，并在第 7 章进行分析总结。希望本书的出版对今后类似工程的开展具有一定的参考意义。

　　本书的编撰得到了国家自然科学基金项目（52068033）、江西省交通运输厅科技项目（2021Z0002、2021C0006、2015C0067）的支持，同时在研究的过程中得到了江西省交通科学研究院有限公司、江西省地下工程探(检)测技术设备工程研究中心及江西省交通运输行业公路隧道安全工程技术研究中心等单位的大力协助与支持,在此作者对给予本课题支持的单位表示衷心的感谢和诚挚的敬意。

由于作者学识所限,不当和错误之处在所难免,恳请读者批评指正。

作 者

2022 年 4 月 20 日

目 录 *Contents*

第 1 章

绪　论

▶ 1.1　桥梁振动特征的理论分析研究现状

1.1.1　考虑桥墩与主梁间弹簧接头的周期性高架桥平面内振动能量带理论分析研究现状

Mead 等采用自由波传递法分析刚、柔性支撑无限长周期梁的通带域禁带域，通过研究周期性梁结构多耦合振动能量带，认为平面内振动周期性梁结构存在三种晶格波。温激鸿等人采用平面波展开法，利用二组元变截面构造了周期性结构细直梁计算无限周期条件下细直梁弯曲振动中弹性波的能量带结构。张小铭等从振动功率流角度对周期性简支梁振动特性进行了分析，认为在带隙频率范围内振源不向梁输入功率流，能达到控制结构振动及噪声辐射的目的。刘见华等研究了周期加筋板中弯曲波的传播特性，并分析了振动频率、弯曲波入射角对传播常数的影响。陈荣等利用传递矩阵法，计算获得了周期性结构空腹梁的力传递率及带隙位置。考虑高架桥桥墩桩基础与半空间土体间耦合作用，Lu J F 等提出了"开放式"周期性结构计算模型，并分析了桩基础-土耦合作用对高架桥结构振动能量带分布的影响。

1.1.2　周期性高架桥结构平面外振动失谐局部化问题理论分析研究现状

由于施工过程中不可避免存在结构几何误差、材料缺陷等问题，实际工程中很少存在理论上的周期性结构。Hodges C H 等人把周期性结构存在的小偏差称为失谐，在外界激励下周期性结构中存在通带域和禁带域，即当外界扰动波频率位于周期性结构通带域时，振动波可以自由传播，但当扰动波频率位于禁带域时，结构中传播的振动波振幅及能量急剧下降，振动波迅速衰减而不能在周期性结构中传播。另外，已有研究表明：当周期性结构存在失谐时，即使在通带域，结构中传播的振动波在节点处也可能存在散射和反射，使得周期性结构某些部位振动幅值增大，产生能量聚集。目前对周期性结构失谐引起的局部化现象主要研究有：Cai G Q 等采用摄动法分析了耦合周期性结构失谐引起的局部化因子；Dong L 等采用传递矩阵法研究了多耦合、多维近似周期性结构的振动局部化问题；Bouzit D 等对多耦合梁失谐引起的复杂动力学和波转换力学机理进行了分析；基于传递矩阵法，李凤明等人采用 Wolf 算法分析了轴向压缩荷载下多耦合近似周期矩形加筋板的局部化因子。

总之，目前对周期性结构失谐局部化问题研究的学者较多，但将独立桥墩及桥梁组成的周期性结构简化为连续梁显然是不恰当的，为此，本书在考虑桥墩与桥梁刚性连接的基础上建立了失谐周期性高架桥振动模型来对此类问题进行分析研究。

▶ 1.2　隧道破碎带围岩与支护结构的相互作用机理及动力响应分析研究现状

1.2.1　隧道围岩与支护结构的相互作用机理研究现状

1. 力学机理

隧道开挖前，围岩处于自重和地质构造作用经年历代形成的初始平衡状态。隧道开挖后，由于在开挖面解除了围岩的约束，破坏了初始平衡状态，所以在开挖面周围一定范围内的岩体产生应力重分布，使围岩发生向洞内的位移，若岩体强度高、整体性好、面形状有利，岩体的变形到一定程度就将自行终止，围岩是稳定的。反之，岩体的变形将自由地发展下去，最终导致隧道围岩整体失稳而破坏。为防止坍塌和保证必要的安全储备，需要施作支护结构，对岩体的移动产生阻力，形成约束。由流变力学观点可知，隧道开挖后，围岩的变形是随着时间推移而增大的，若支护结构及时施作完成，那么围岩将会对支护结构施加形变压力，并随着时间的推移而增加，同时，支护结构受力变形后也会提供阻止围岩继续变形的抗力，影响围岩的蠕变特性。整个过程中，围岩在变形的过程中释放部分能量，支护结构提供阻力，如果支护结构有一定的强度和刚度，这种围岩和支护结构的相互作用会一直延续到支护结构所提供的阻力与围岩的作用力之间达到平衡为止，从而形成一个力学上稳定的隧道结构体系，即围岩与支护结构相互作用的过程。

典型的围岩与支护结构共同作用的关系曲线如图 1-1 所示。曲线 $a'b'c'd'$ 是典型隧道围岩的开挖过程的特征曲线，开挖后，围岩应力急剧减小，后趋于平稳，变形逐渐增大；直线 aa'、bb'、bc'、cc'、dd' 表示支护结构的特征曲线，施加支护后，支护结构的抗力近似按线弹性增加。分析 aa'、bb'、cc' 和 dd' 曲线，可见支护结构的施作时间是围岩和支护结构受力的重要影响因素之一，适当延后支护结构的施作时间可以充分发挥围岩的自承能力，有效减小支护结构的受力；施作不及时会导致围岩的变形显著增加，带来安全隐患。比较 bb' 和 bc'，可见支护刚度也是影响围岩与支护结构相互作用的因素，在同等工况下，选择刚度较低的柔性支护结构可以更大程度上发挥围岩的自承能力。

目前，对隧道围岩与支护结构体系的相互作用问题的研究主要有两类计算模型。第一类计算模型视支护结构为承载主体，称为荷载-结构模型，支护结构是承载主体，围岩是其荷载的来源和弹性支承，采用结构力学方法求出超静定体系的内力和位移。如何确定支护结构上的地层压力以及弹性支承给支护结构的弹性抗力是这类模型的关键。另一类计算模型将围岩作为承载主体，也称岩体力学模型，该模型中支护结构和围岩共同成环作为一个承载体系，围岩是直接的承载体，支护结构是用来约束围岩过度变形的间接承载体。这类模型的关键问题是合理确定围岩的初始地应力场、材料参数以及本构模型，一般通过数

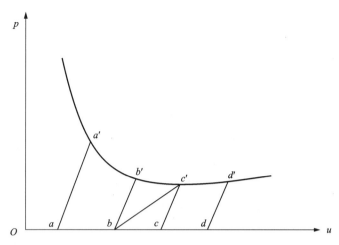

图 1-1 典型围岩与支护结构相互作用的关系曲线

值模拟方法来求解支护结构和围岩的应力以及位移状态。下面对两类计算模型的发展做简要介绍。

（1）荷载-结构法

19 世纪后期，随着混凝土材料和钢材的出现，地下结构的计算进入弹性连续拱形框架结构阶段，其理论基础是线弹性结构力学，计算依据是结构力学原理。作为一种超静定弹性结构系统，弹性连续拱形框架结构上的作用荷载为地层压力。

该方法的缺点主要表现在两个方面：其一，它主要适用于软弱土层，应用范围有限；其二，它没有考虑地层对支护结构变形所产生的弹性抵抗压力。其假定抗力的思路是，支护结构在主动荷载作用下，产生的变形会受到围岩的约束，将这种约束假设为某一形式的荷载，即弹性抗力，然后以结构力学为计算的理论基础进行计算。其中，弹性抗力的分布形式与支护结构的变形应相互适应。弹性抗力常见的分布假设有均布直线式、梯形式以及镰刀形等。

（2）地层-结构法

考虑到荷载-地层法对弹性抗力假设具有不确定性，而且对围岩与支护结构的整体作用没有考虑，因此提出了地层-结构法。该方法将隧道的支护结构和地层看成一个连续的受力整体，通过弹塑性理论来计算支护结构的变形和内力。目前，通过这一理论得到的解答包括圆形隧道的弹性解析解、弹塑性解、黏弹性解以及地下连续墙塑性解等。近 20 年来，随着新奥法的广泛使用，将现场量测监控和理论分析法紧密结合，出现了一些反馈设计方法，一般以连续介质力学为计算基础。

因隧道工程的复杂性，结构计算过程中存在以下难点：

①围岩的力学参数难以准确确定。

②围岩自身承载能力不仅受限于围岩自身的性质，而且与施工方法、施工时间、支护形式、洞室几何尺寸等众多问题均有联系。

③围岩体本构关系的复杂性和屈服准则的不完善性，使得无法合理控制围岩自承能力。

总之，荷载-结构法仅计算支护结构，而无法计算围岩的应力和变形。基于连续介质力学理论的地层-结构法，不仅可以计算支护结构的内力，也可以计算围岩的应力和变形；但由于该方法的影响因素众多，所能得到的解析解并不多，因此不得不依赖数值方法或半数值半解析的方法。

2. 接触面本构关系

接触问题是生产和生活中普遍存在的力学问题，早在 20 世纪 60 年代，众多学者和专家就开始了对接触面本构关系的研究和探索，并在实验、理论和计算方法等方面都取得了丰富的成果。

1968 年 Goodman 采用弹簧刚度概念提出了用于模拟节理岩体的无厚度接触面单元，至今仍得到广泛的应用，其主要问题是弹簧刚度系数选取的人为任意性及其合理取值的困难性。1971 年 Clough 和 Duncan 等通过实验研究了砂-混凝土接触面的剪应力-应变关系，提出了剪应力与切向位移的双曲线关系模型，该模型的参数可以通过常规直剪试验来确定，所以目前应用很广泛。1984 年 Desai 等提出了有厚度的非线性薄层单元，在一定程度上克服了 Goodman 接触面单元的缺点，其界面参数包括弹性模量 E、剪切模量 G、泊松比 ν 3 个参数，但在参数取值方面缺乏理论依据。1985 年陈远提出了弹性理想塑性模型的无厚度摩擦接触单元，对于界面非线性与材料非线性问题提出了双重迭代求解方法，能较客观地反映接触面特性，但该模型认为破坏前接触面上的应力-应变关系服从弹性性质，且没有考虑单元的厚度。1990 年 Boulon 等提出了接触面弹塑性模型，但是由于较复杂而未能得到推广使用。1994 年殷宗泽等进行了大尺寸直剪试验，指出双曲线模型能一定程度上反映具有特定尺寸的试样剪切破坏逐渐发展过程的宏观规律，但并不能描述接触面上剪切变形的特定规律，并提出接触面刚塑性模型。2004 年栾茂田和武亚军将非线性弹性理论与弹塑性理论相结合，考虑接触面的非线性剪切变形与非弹性的错动变形，将双曲线模型与刚塑性模型相结合，提出了非线性弹性理想塑性本构模型，该模型屈服前接触面上的非线性剪切变形特性，采用双曲线非线性弹性模型描述，而塑性屈服后，则采用完全塑性理论描述。同年，张嘎等人在阐明了接触面受力过程中的物态演化的机理和规律的基础上，建立了一个粗粒土与结构接触面弹塑性损伤模型，可以统一地描述单调和循环荷载作用下接触面的响应。

接触问题在力学上一般都同时涉及三种非线性，即除大变形引起的材料非线性和几何非线性之外，还有接触面的非线性。接触面的非线性来源于两个方面：

①接触面的区域大小和相互作用位置以及接触状态不仅事先都是未知的，而且是随时间变化的，需要在求解过程中确定。

②接触条件的非线性。接触条件包括：接触物体的不可相互侵入、接触力的法向分量只能是压力、切向接触的摩擦条件。这些条件区别于一般的约束条件。其特点是单边性的不等式约束具有强烈的非线性。

非线性、大变形、局部不连续等问题都是解析方法难以解决的问题，所以数值法成为解决接触问题的主要手段。对于岩石和混凝土结构中的岩体和混凝土接触面性质的研究，目前数值模拟的方法主要通过以下几个途径来实现：

①将接触面与土体视为一体构成所谓的地基刚度问题，通过理论推导或者数值计算求

解地基的刚度(或阻抗),由此得出土体与结构的相互作用力和相对位移之间的关系。

②根据接触力学理论,视接触面为特殊的边界条件。

③在土与结构接触面上设置接触面单元,接触面单元的本构关系可以采用抗拉弹脆性、应变软化摩尔-库仑模型等。

▶ 1.2.2 隧道开挖软弱破碎围岩变形特征研究现状

隧道开挖穿过软弱破碎围岩时,往往会伴随有变形侵限、支护结构开裂,甚至塌方等灾害,严重影响隧道施工安全,因此,软弱破碎围岩变形以及稳定性问题引起了越来越多研究者的关注。1946 年,太沙基提出了膨胀性岩石和挤出性岩石的概念,认为围岩变形机制可分为两大类,即膨胀性变形和挤出性变形。膨胀性变形是膨胀性矿物质造成的围岩膨胀,即体积上明显增大;挤出性变形则是隧道开挖围岩产生的应力差大于围岩强度而发生的较大塑性变形。膨胀是一个有水参与的化学反应过程,挤出则是一个物理破坏过程,在实际工程中,两种变形形式往往很难分开,单一的膨胀变形极为少见。在软弱破碎隧道大变形中,挤出变形占有主要地位,因此,通常软弱破碎隧道变形以挤出变形为主、膨胀变形为辅的形式发生。

围岩变形破坏首先与围岩的地质条件有关,其次是环境条件的影响,同时也与围岩支护结构有关。实际上,围岩变形破坏是在隧道开挖下岩体产生应力重新分布后而发生的。在开挖前,围岩由于地应力的作用三向受压,并在这种状态下保持平衡稳定。在开挖后,原有的三向应力状态被打破,从而导致变形的产生。通过开挖卸荷,一方面,地应力以能量的形式得到释放,围岩发生回弹变形;另一方面,地应力向围岩深部转移,出现应力重分布和局部应力集中。围岩应力重分布使得洞壁附近的径向应力降低(最后趋近于零),轴向应力基本保持不变,但环向应力显著增加,可能导致应力集中。围岩处于高应力差低围压的环境中,若支护结构不能提供充足的承载力,围岩变形将得不到有效的控制而使得围岩发生大变形。由于隧道的开挖卸荷,围岩中一些闭合的节理裂隙产生张开滑移,在改变应力状态的同时,地下水会沿着围岩中张开裂隙渗流,进而使围岩强度降低,这时围岩也会产生较大的收敛变形。

随着隧道工程建设数目的不断增加,国内外专家学者对隧道开挖软弱破碎围岩变形特征进行了大量的研究,并取得了丰硕的成果,同时,研究手段也较为丰富。这些关于软弱破碎围岩变形特征的研究所采用的分析手段主要有理论分析、现场监测、物理试验以及数值模拟等。

1. 理论分析

理论分析是研究围岩变形特征的重要手段。目前,国内外研究者主要通过研究软弱破碎围岩变形机理以及建立力学解析模型的方式对围岩变形特征进行分析。

姚国圣等考虑了岩体塑性软化与扩容的特性,建立了软岩巷道变形与应力的理论解,并检验了模型的可靠性。侯公羽等结合开挖面空间效应,利用 Hoek 拟合方程,建立了围岩-支护结构耦合作用的力学模型,并利用该模型对围岩-支护相互作用进行实时预测。李心睿等结合软岩隧洞工程,推导了隧洞围岩边界位移的弹性解析解,并利用 Laplace 变换进一步得到了隧洞边界位移的黏弹性解析解。王华宁等针对圆形隧洞施工,建立了应变软化岩体的应力及位移的解析解，并预测了隧洞施工过程中应力及位移的时程变化。Yang 等通过研究软岩的蠕变特性，利用非线性 Hoek-Brown 破坏准则，建立了围岩变形表达式。赵志强通过推导不均匀应力场下圆形巷道围岩塑性区的边界方程，得到了应力场大小与方向对围岩塑性区形态的影响程度。朱永全等系统地分析了围岩的弹性模量、抗压强度以及地应力等多种因素，构造了无量纲参数 α，并对软弱破碎围岩变形进行分级。肖同强等通过研究支架换装硐室的破碎区及塑性区，提出了分区耦合支护围岩控制理论。夏冲认为隧道开挖软弱围岩之所以会产生显著的塑性变形，与其工程力学特征密不可分，其工程力学特征主要受泥质成分和结构面控制，一般而言，软弱围岩具有可塑性、崩解性、膨胀性、流变性、分散性、触变性和离子交换性七种工程力学特性。

2. 现场监测

在现代隧道施工中，监控量测信息反馈是不可或缺的重要环节，因此，在软弱破碎围岩隧道施工过程中，利用现场实际监测数据分析隧道开挖围岩变形特征的研究也取得了丰富的理论成果。

刘志春等通过现场试验对软岩隧道开挖变形进行了系统的总结分析，并以此对软岩大变形进行分级，研究最佳二衬施作时间。马士伟等结合浅埋黄土隧道工程实例，根据现场监测数据的变化，提出了隧道塌方预警基准值以及预警分级标准。张文强等以隧道竖井施工为依据，对现场变形监测数据进行分析，将围岩变形划分为 5 种增长型，并提出相应的支护措施。孙洋等针对隧道穿越强风化、薄层状页岩而出现的大变形问题，利用隧道围岩变形现场监测数据，从地质条件、埋深影响、岩体特性、偏压及施工因素等方面对隧道大变形的特点和机理进行了分析，并提出了相应的工程控制措施。任建喜等基于现场监测对马鞍子隧道围岩变形进行分析，发现隧道开挖初期围岩变形速率较大，而后变形速率随着时间的增加而减小，变形曲线趋于平稳，并以此为根据获得了一次支护与二次衬砌的间隔时间。李国良等结合现场监测和圆形洞室弹塑性位移解析解，研究了兰渝铁路隧道挤压大变形的规律。

3. 物理试验

物理试验是通过采集隧道围岩的岩样来获得其物理力学性质，从而在此基础上研究围岩的变形特征。李燕等通过对各向异性岩体的渗流耦合特征进行试验，获取了不同围岩条件下的泥质粉砂岩的弹性模量，并建立了基于围岩及层理面夹角的软岩弹性模量控制方程。王章琼等通过天然饱和状态下单轴压缩试验对鄂西北地区片岩变形参数的各向异性及水敏性进行研究，分析了片理面法线方向与轴向力方向和片岩变形贡献程度的关系，为隧道开挖支护提供参考。汪成兵通过物理试验建立了隧道围岩渐进性破坏机理模型，并就围岩强度、埋深以及地下水等隧道渐进性破坏的影响因素进行了一系列试验，总结分析了隧道围岩渐进性发展过程中的应力及位移变化规律。冯亚松通过研制一种炭质千枚岩相似材料建立了隧道开挖模型，分析了挤压性软岩隧道施工中的围岩变形及应力变化特征。张德华等通过对隧道炭质页岩段进行的双层支护试验，分析了围岩在不同双层支护下的支护效果，获得了第二层支护最佳施作时机的判据。余庆峰通过微观结构试验以及岩体破裂过程声发射试验，获取绢云母片岩的微观结构特征以及加载过程中的动态破裂过程特征及规律，从而为分析隧道围岩变形规律提供了依据。

4. 数值模拟

在隧道工程施工中，采用数值计算软件对隧道施工进行数值模拟分析，是进行隧道围岩稳定性、支护性态分析以及围岩变形预测的有效方式，因此，数值分析方法的研究也越来越受到国内外专家学者的重视。目前越来越多的数值分析方法被应用到工程实践中，如有限元法（FEM）、有限差分法（FDM）、离散元法（DEM）及边界元法（BEM）等。

邵珠山等利用 Ansys 有限元分析软件对大跨软岩隧道开挖进行二维模拟，通过分析围岩变形以及受力状态，初步确定了二次衬砌的最佳支护时机。刘琴琴等基于 Abaqus 有限元分析软件，分析了隧道施工过程中的围岩位移及应力的分布特征，并研究了支护结构设计参数的敏感性。付思远运用 Midas/GTS 有限元分析软件，模拟了不同开挖方法对隧道变形的影响，并综合考虑选取最佳支护方案，以指导工程实践。张咪等采用 Flac3D 进行模拟计算，研究了软岩隧道支护的围岩变形以及破坏特征，认为隧道埋深和围岩强度是影响围岩变形破坏的两个重要因素。于崇等以渗流和应力耦合模块为基础，采用 3DEC 三维离散元软件进行隧道开挖过程模拟，得到了围岩位移场和应力场，并以此用点安全系数法来分析隧道围岩的稳定性，给出了围岩稳定的安全范围。刘登富等采用 UDEC 离散元软件建立弹塑性模型，通过对 S302 线大马庄隧道进行数值模拟，获得了全断面开挖下断面各测点的围岩变形量及其变化规律。王正兴等采用 PFC2D 颗粒离散元软件建立隧道开挖过程数值模型，认为土的拱效应发挥程度与地层损失率成正比，分析了土体的沉降规律。朱合华利用三维黏弹性摄动边界元法，分析了黏性地层隧道开挖过程中的时空效应。许建聪采用 BMP2000 边界元软件对降水作用下浅埋隧道的支护设计参数进行正交优化反演分析，并以此为根据对围岩变形破坏模式进行了预测。

1.2.3　隧道动力响应分析研究现状

1. 弹性土中隧道的动力响应

针对动荷载作用下弹性土中圆形隧道的动力问题，学者们已采用不同方法开展了大量的分析研究。Yang 和 Hung 基于 2.5D 有限元和无限元耦合法研究了圆形衬砌隧道中移动荷载引起的地表振动问题。Bian 等基于 2.5D 有限元法分析了隧道和土体的相互作用，其研究结果表明在移动荷载振动频率增加时，地表波的传播带变窄。之后，Bian 等建立了车-轨-基础耦合模型，分析了不规则轨道上高速列车引起的振动问题。刘卫丰等利用隧道-自由场动态系统中隧道轴线上的一致性或周期性，得出了隧道和自由场受移动荷载作用用的动力响应解。Gupta 和 Degrande 基于 Floquet 变换得出了周期性轨道与隧道-土体结构体系的耦合模型，研究了连续和非连续浮置板轨道的隔振效应。Metrikine 等得出了移动点荷载作用下二维弹性层状地基中隧道的解析解，他们采用了 Euler-Bernoulli 梁来模拟隧道，但没有考虑隧道的轴向变形和转动惯量。Sheng 等利用离散波数虚拟力法建立了移动荷载作用下圆形隧道（有衬砌或无衬砌）的数值模型，考察了衬砌对隧道动力响应的影响。与边界元法相比，离散波数虚拟力法只需考虑位移格林函数，极大地简化了理论推导。Yi 等考虑隧道-土体不理想界面，分析了平面压缩波作用下圆形衬砌隧道的动力响应，他们的研究表明：若隧道-土体界面处黏结条件极差，圆形衬砌隧道的动力响应将呈现共振散射现象。Forrest 和 Hunt 考虑了土体、隧道和轨道的耦合作用，用三维解析模型研究了圆形衬砌隧道的动力响应。在 Forrest 和 Hunt 的研究中，他们对土体、隧道和轨道分别用弹性理论、壳体理论和 Euler-Bernoulli 梁模型来进行描述。Alekseeva 和 Ukrainets 给出了移动荷载作用下弹性半空间中浅埋圆形衬砌隧道动力响应的解析解。

2. 饱和土中隧道的动力响应

在富水地区的隧道工程中，隧道通常建于地下水位以下，此时将土体视为饱和土更接近工程实际。目前，已有学者用饱和多孔介质模型描述土体来研究饱和土中隧道的动力问题。Kumar 和 Miglani 利用 Laplace 变换得出了脉冲力作用下饱和土中圆形隧道的闭合解析解。丁伯阳等基于两相饱和介质 Green 函数和 Lamb 积分公式，得出了集中荷载或简谐荷载作用下圆形隧道的闭合解析解。Senjuntichai 和 Rajapakse 基于 Biot 理论研究了轴对称荷载作用下饱和土中圆形隧道的瞬时响应，发现隧道的瞬时响应大于其经典静态解。杨峻等基于工程通用的力学模型，利用积分变换给出了饱和土中圆形隧道瞬时响应的一般解析表达式。刘干斌等用 Carcione 本构模型来描述饱和多孔介质的流变和松弛性质，研究了轴对称荷载作用下圆形衬砌隧道的频域响应。Hasheminejad 和 Hosseini 假定柱形荷载作用于饱和土中的圆形隧道，基于 Biot 理论分析了隧道附近区域的应力集中现象。之后，Hasheminejad 和 Komeili 研究了移动环形荷载作用下圆形衬砌隧道的动力响应，分析了隧道-土体不理想界面对隧道动力响应的影响。Lu 和 Jeng 利用 Biot 理论和 Fourier 变换，给出了移动环形荷载作用下饱和土中圆形隧道的解析解。黄晓吉等研究了移动环形荷载作用下饱和土中圆形衬砌隧道的动力响应，他们的研究表明在富水地区隧道的动力分析中，应把土体视为饱和土。虽然以上研究均将土体视为饱和土，但其均在平面应变或轴对称情形下进行分析，无法准确预测隧道的动力响应和土体波动。Yuan 等用二维解析模型分析了移动点荷载作用下半空间饱和土中隧道的动力响应，采用了 Euler-Bernoulli 梁来简化隧道模型。此外，Yuan 等基于频率-波数谱的方法研究了隧道-土体结构体系的临界速度。曾晨等基于 Biot 理论和 Fourier 变换，给出了移动点荷载作用下饱和土中圆形衬砌隧道的解析解。在曾晨等的研究中采用壳体理论来描述隧道衬砌的振动，无法准确预测较大厚径比隧道的动力响应。

▶ 1.3 路堑高边坡变形监测与稳定性分析及其卸荷松弛特征研究现状

1.3.1 全强风化千枚岩高边坡变形破坏机理研究现状

千枚岩片理结构发育，主要矿物成分以绢云母为主，其中含有绿泥石、黑云母等，属于区域变质岩，边坡开挖后，裸露的炭质千枚岩迅速风蚀剥落，物理力学性质差，具有明显的遇水泥化及层间滑脱现象。千枚岩受多次构造活动的强烈改造而成，裂隙发育，岩体破碎，在次生作用下，其风化卸荷程度较高，强风化千枚岩边坡的破坏方式以滑坡蠕动、小规模崩塌和掉块为主。

罗丽娟等研究千枚岩滑坡变形破坏特征发现，该滑坡主要有两个滑动带，整体呈现主滑动带与次滑动带并存现象，滑动面后陡前缓，基本上是顺层间软弱带滑动，次滑动带埋深浅，滑体滑动明显；主滑动带埋深大，滑动相对小。深层滑动面位于强风化千枚岩与弱微风化千枚岩之间的软弱夹层，基本上是顺层间软弱层滑动；浅层滑动面位于强风化千枚岩与坡积土接触面之间，基本是顺接触面滑动，由于土质松散，易于地表水下渗，强风化千枚岩形成的隔水层相对聚集，大大降低了接触带的强度，使得次滑体变形相对明显增多。针对千枚岩复杂的力学性质，国内外学者也从微观上进行了实验研究。

罗小杰等研究千枚岩的工程力学性能，揭示了千枚岩强度特征和变形特性的各向异性规律，并分析其内在机制。郑达等对某水电站坝基绢云母千枚岩与硅板状千枚岩分别进行了单轴、三轴压缩试验条件下强度特征与损伤断口的微观破坏机制研究，对千枚岩不同加载方位角下强度变化规律、各向异性特征，以及断口的微观破坏形式、破坏机制等进行了综合分析。吴永胜等通过研究千枚岩各向异性力学特性发现，千枚岩各向异性随含水率与围压水平表现出不同的变化规律，强度各向异性随着含水率和围压水平的提高而降低，弹性模量和泊松比则与加载方向和转化围压有关。不同含水率状态下干燥千枚岩的单轴抗压强度各向异性最为显著。千枚岩表现出不同的破坏模式，并随着围压或含水率的提高而变化；剪切机制单独控制着各向异性力学特性，千枚岩统一沿软弱面剪切破坏。

朱彦鹏等研究了千枚岩与砾石土质高边坡稳定性，通过现场大型剪切试验发现，强风化千枚岩的剪切特性和剪胀剪缩特性与其风化程度和岩体的完整性有关，当岩体完整、风化程度低时，岩石力学性质明显，其剪切破坏为脆性破坏，并表现为持续剪胀；当风化严重、岩体破碎时，表现出某些土的力学性质呈塑性破坏，且表现为先剪缩后剪胀。

何振海等于 2000 年研究了鞍钢眼前山铁矿上盘千枚岩边坡的工程地质特征，从岩性和构造方面对坡体进行了稳定性分析，探讨了边坡角的合理选取。

凌必胜等于 2009 年以皖南山区黄山至塔岭(皖赣界)和小贺至桃林(皖浙界)高速公路 ZK9+385～ZK9+425 处高陡碎裂结构千枚岩高边坡为例，归纳出边坡所处典型地质地貌特征和路堑边坡的主要工程地质条件，总结了边坡破坏的主要形式，分析了边坡破坏机理，并采取定量评价方法对边坡的稳定性进行合理评价，据此提出合理、有效、经济的支护设计方案，最后根据监测数据进行验证。

此外，在国道 317(汶马公路)、广甘高速(杜家山隧道)、徽杭高速、兰武二线(乌鞘岭隧道)、白龙江碧口水电站等建设中均遇到千枚岩等变质岩的工程地质问题，得到了大量的研究成果。

1.3.2 降雨条件下高边坡变形预测预警模型研究现状

20 世纪 60 年代，人们开始了对边坡预测预报的研究，经过众多专家学者的不断探索，形成了许多滑坡预测预报理论，其发展先后经历了三个阶段。

1. 现象预报和经验公式预报阶段

1968 年日本学者斋腾迪孝根据室内试验及现场位移监测资料，建立了滑坡时间与蠕变速率之间的经验公式，并于 1970 年成功运用该模型对日本的高汤山滑坡进行了预报。1977 年智利学者 EHoek 通过某矿山滑坡位移-时间曲线提出了利用变形曲线的形态和趋势进行外延求滑坡时间的方法。由于这些方法是在一定条件下建立经验公式，预测精度受到一定的限制，仅适用于短期预报和临滑预报。

2. 统计分析预报阶段

20 世纪 80 年代以后，随着研究的深入，在滑坡预报方面有了重大的进展。随着现代数学理论的出现和广泛应用，灰色系统理论、人工神经网络、数理统计、概率论等被运用到边坡失稳预报的研究当中，根据边坡变形的时间序列数据，利用一定的数理力学方法，拟合外推出边坡失稳破坏的时间。1984 年王思敬提出了边坡失稳前总变形量和位移速率的综合滑坡预报方法；此外，还有不少学者尝试了模糊数学法模型、马尔科夫模型、正交多项式最佳逼近模型、泊松旋回模型和图解法模型等。但这一阶段的研究主要侧重于预报方法，在监测数据的处理、噪声的剔除、有效信息的提取以及时序资料的选择和分析等方面的研究不足，对滑坡基础研究与预报相结合的探讨也较少，所以预报精度不高。

3. 综合预报模型及预报判据研究阶段

20 世纪 90 年代以后，随着非线性与系统科学的发展与应用，人们认识到边坡是一个开放系统，通过位移–时间曲线的拟合外推只能做到对滑坡近期发展趋势的有限预测，特别是在非线性因素的作用下，很难对滑坡时间进行长期准确的预测。因此，一些非线性科学理论，如灰色、分形、突变、混沌、神经网络等理论方法被诸多学者引用到滑坡预测预报领域。1993 年秦四清等提出了滑坡预测的非线性动力学模型；2003 年黄志全提出了边坡失稳时间预报的协同–分岔模型；2004 年黄志全等建立了边坡稳定性预测的混沌神经网络模型。

针对降雨条件下边坡变形预测预警的研究，相关学者也做了大量的研究。孙金山等提出了基于降雨入渗动态守恒的瞬态降雨入渗模型，该模型考虑了初期降雨过程、降雨历程以及饱和非饱和入渗过程，将无限边坡模型、瞬态降雨入渗模型和 GIS 进行耦合，研发了可用于大范围降雨型浅层滑坡危险性预测的集成系统。贺可强等以新滩滑坡为例，运用降雨动力增载位移响应比模型对其位移失稳规律进行深入研究，发现监测点的动力增载位移响应比时序曲线均在滑坡失稳前发生突变，且突变时间与滑坡实际失稳时间基本吻合，可运用降雨动力增载位移响应比评价参数对降雨型堆积层滑坡进行稳定性评价与预测预报。同时，确定了边坡压缩稳定变形阶段和塑性失稳变形阶段的表层垂直位移方向率与其稳定性演化的定量关系，并依此运用数理统计均方差基本原理，建立了该类滑坡垂直位移方向率的整体失稳监测预警判据。

▶ 1.4 异型路基稳定性分析研究现状

目前，对半填半挖式路基路面进行理论分析，大致有三种方法，即刚体极限平衡法、数值模拟分析方法(主要是有限单元法)和数据本构分析法。刚体极限平衡法在工程中使用较多、较成熟，在工程地质条件比较清楚时，采用该法能对斜坡稳定性给出较为精确的结论。而有限元等数值模拟法可以全面考虑斜坡岩土体的不连续性、非均质性和各向异性以及地表水、地下水和地震力的作用，能给出斜坡体内应力场、位移场和稳定性分布情况，在力学模型概化合理的情况下，能更精确地评价路堤的稳定性。数据本构分析法，就是运用新型数据处理手段，寻找数据内在的规律，从而建立以数据库表示的数据本质结构特征规律。对于半填半挖式高填深挖路基病害成因，数据本构分析过程为：①搜集资料，确定可能导致该类病害的各种因素；②对描述各种导致病害因素的数据信息进行归类；③确定分析的目标量和考察因子；④根据讨论问题的目的需要，设计一种或几种考察方案；⑤对每一种考察方案进行数据本构分析计算，得到各变量因子对目标量的影响相对权重（定量结论）。

周志刚等运用弹性力学平面应变有限元法，分析了新路在自重作用下的沉降和应力分布规律，指出了拓宽路面在界面处开裂的原因在于应力集中和界面强度不足，对防止新旧路相接处产生裂缝提出了处理方法。王鹏飞等利用有限单元法对加宽路堤沉降及新老路堤的相互作用体系进行了二维非线性分析，并且利用在沈大高速公路改建工程中铺筑的试验路对计算结果进行了对比验证。

凌建明等将路基拓宽的主要损坏类型概括为路基失稳、支挡结构损坏、路面损坏、路面整体性能下降四种情况，并认为路基失稳、支挡结构损坏是稳定性不足的反映，可通过合理的处治措施加以防治，而路面损坏和路面整体性能下降的主要原因则是路基拓宽引起的新老路基不协调变形，且这种不协调变形是不可避免的；通过现场观测、数值模拟和室内试验相结合的手段，总结了新老路基不协调变形的总体特征，分析了典型沥青路面结构对路基不协调变形的力学响应，在此基础上提出了路基拓宽工程的四种损害模式及相应的"变坡率"设计指标。

钱劲松研究了新老路基不协调变形及控制技术。黄琴龙采用有限元软件 Abaqus，利用单元生死技术获得地基初始应力，全过程模拟施工工序，综合考虑地基固结理论和路基岩土体的非线性本构关系，揭示了新老路基不协调变形的总体特征。

胡汉兵等结合武汉绕城公路，针对软土地基上新老路堤搭接中存在的岩土工程问题进行了分析，将存在的主要岩土工程问题概括为：①新老路堤为性质有差异的两个实体，两者产生差异沉降难以避免；②新填路基沿原路基边坡整体向下滑动；③路面出现裂缝或脱空。同时，通过基于简化 Bishop 法的路基稳定性分析，以及分层总和法、有限单元法等理论分析和原位监测，说明了采用粉喷桩处理软土地基、土工格栅增强新填路基刚度、结合面开挖反坡和控制路堤填筑质量的重要性。

在异型断面路基路面的室内试验分析方面，丁浩以广东省粤肇高速公路的工程建设为依托工程，进行了填挖交界路段结构模型模拟试验；颜春等进行了底摩擦模型试验，发现半挖半填与填挖交界处由于是两种刚度材料的交界处，因此很难使两边在受力的情况下协调变形，会产生类似于桥头跳车的现象，而且在试验中可看到在交界处容易产生变形裂缝，开裂频率仅次于坡脚。

▷ 1.5　主要研究内容

1.5.1　考虑桥墩与主梁间弹簧接头的周期性高架桥平面内振动能量带 理论分析

高速铁路、公路等工程中为有效解决软土地基沉降问题而广泛采用高架桥结构。为了设计、施工便利，一般高架桥结构采用等跨形式，因此从结构的几何形式来看可将多跨高架桥结构作为周期性结构，其周期性结构单元包括桥墩和主梁。为保证高架桥的正常安全使用，设计时须考虑地震、车辆等荷载引起的振动弹性波在高架桥结构中的传播特性，以减少振动波能量对高架桥结构的破坏。已有文献研究表明周期性结构中存在能量带隙，即通带域的晶格波能在结构中传播，而禁带域晶格波不能传播。因此，将多跨高架桥作为周期性结构，利用声子晶体理论考察高架桥平面内振动能量带的分布特征，将为桥梁的抗震设计、减振控制提供新思路。可通过对周期性高架桥结构的几何和材料参数进行合理设计，来抑制地震波引起的结构振动，避免造成结构破坏。目前有的学者已利用声子晶体结构理论来分析两种或多种结构材料在不同方向的周期性特性，如一维周期性层状结构中振动波传播衰减特性及柱体材料、球形散射体埋入另一基体材料中形成的二、三维周期性点阵结构中弹性波传播特性研究。周期性结构中能量带分析方法主要有传递矩阵法、平面波展开法、多重散射法、时域有限差分法等。由桥墩和主梁周期性结构单元组成的高架桥结构，其形式与直线型周期性结构不同，前者在于桥墩与主梁、主梁与主梁的接头，会引起振动弹性波在连接处跳跃。因此，直线型周期性梁的能量带分析理论不能直接用于周期性高架桥结构。鉴于此，本书先建立了包含主梁、桥墩及弹簧接头的周期单元传递矩阵，再将 Bloch 理论与周期性结构几何特性相结合，形成了周期性高架桥结构平面内振动的能量带特征方程，最后结合数值计算结果分析了桥墩-水平梁刚度比、接头弹簧刚度等因素对周期性高架桥结构中晶格波的传播影响。

1.5.2　周期性高架桥结构平面外振动失谐局部化问题理论分析

由于施工过程中不可避免存在结构几何误差、材料缺陷等问题，因此在实际工程中很少存在理论上的周期性结构。已有研究表明当周期性结构存在失谐时，结构中传播的振动波在节点处也可能存在散射和反射，使得周期性结构某些部位振动幅值增大，产生能量聚集。目前对周期性结构失谐引起的局部化现象主要研究有：用摄动法分析耦合周期结构失谐引起的局部化因子，用传递矩阵法研究多耦合、多维近似周期性结构的振动局部化问题，等等。虽然目前对周期性结构失谐局部化问题研究的学者较多，但将独立桥墩及桥梁组成的周期性结构简化为连续梁显然是不恰当的，为此，本书在考虑桥墩与桥梁刚性连接的基础上建立了失谐周期性高架桥振动模型来对此类问题进行分析研究。

1.5.3　空间非均布地震波作用下周期性高架桥平面内振动分析

目前高架桥抗震设计方法较多，一般是将高架桥简化为单自由度或多自由度系统，利用驻波形式模拟地震波得到相应振动控制微分方程并进行求解。然而采用驻波型进行分析时无法反映振动波在周期性高架桥结构中的传播特性,因此有必要建立反映地震波在周期性高架桥结构中传播特性的数学模型,从而为高架桥结构的抗震设计提供理论依据。基于此,本书依据相关理论采用传递矩阵法,推导了周期性高架桥结构平面内振动特征方程。

1.5.4 路堑边坡开挖过程中岩土体应力和变形的特性分析

通常把斜坡岩土向下的一切运动现象统称为滑坡。滑坡作为一种常见的地质灾害,其普遍性、严重性、频发性相当惊人。滑坡灾害发生的原因有很多,包括外因和内因。内因一般是自身的地貌和地质,外因指自然环境和人类活动。自然环境诱因中,降雨是诱发滑坡最主要的因素。对于边坡稳定的研究方法,目前大致分为两类,即定性分析和定量分析。定性分析主要包括自然历史分析法、图解法、边坡工程数据库、边坡稳定分析专家系统、工程类比法、岩体质量评价法。定量分析方法分为确定性分析方法和不确定性分析方法,其中,确定性分析方法包括极限平衡分析方法、数值分析方法,不确定性分析方法包括灰色系统评价法、可靠度分析方法、模糊综合评价法。

本书基于现场检测与模型试验相结合的方法,通过在模型上制造人工降雨的形式,研究与分析了不同边坡的渗流情况,并通过数值模拟计算分析了在正常降雨的情况下边坡的冲蚀、渗透等作用。通过模拟发现,在正常降雨时,雨水渗入边坡岩土中,使得土体的抗剪强度下降,较易致使边坡失稳,发生破坏,给工程造成损失。针对容易出现滑坡的区域,应采用锚杆、喷混、加固桩等形式的加固方案对危险边坡进行加固,并采用数值方法,通过不断降低边坡的稳定安全系数,获得折减后的参数,不断代入模型进行重复计算,直到模型达到极限发生破坏并求得最后的稳定安全系数,以此来评估加固措施的效果。

1.5.5 饱和土体固结 3D 比例边界有限元法分析

对于无限、半无限域的地基土体,目前数值分析方法主要有有限元法、边界元法及有限元-边界元耦合法。相比于结构动力响应的有限元法分析,模拟半无限地基土体要复杂得多,主要是由于地基土体的离散范围大,为获得足够的计算精度,必将导致系统自由度数目增大。尽管现有计算机分析能力有较大提高,但对于一些特殊情况,如 3D 应力波在各向异性土体中传播的准确性分析,所需要的计算单元数量巨大,仍是难以实现的问题。一般是截取结构周围的部分地基,用有限元离散分析,并采用自由或固定边界条件模拟无穷远的地基土体,同时为消除人工边界上的虚假反射,建立透射边界模型,如黏性及黏弹性边界、叠加边界、旁轴边界、暂态透射边界、多向及双渐近多向透射边界等。采用无穷边界模型的有限元法分析无限域地基土体动力固结问题,主要存在低阶边界精度不足、高阶边界稳定性差等问题,不具有有限元意义上的精确性,即离散网格无限小时数值解可以收敛到精确解。

一方面,在处理无限域和半无限域问题时,边界元法可自动满足无穷远处的辐射条件,不存在人工边界的反射问题,具有其特殊的优越性。但形成边界元法的积分方程所需的基本解一般较复杂。另一方面,边界积分方程的奇异积分甚至是超奇异积分的处理,以及边界积分方程数值求解,处理难度相当大,限制了边界元等的进一步应用。

比例边界有限元方法(scaled boundary finite element method)是以有限元法为基础的一

种边界单元法，它不但兼有有限元和边界元的优点，而且具有其自身的特点。与边界单元法相比，它不需要求解基本解，因而能够有效处理解析解特别复杂和满足一定条件的各向异性介质的问题。另外，通过相似中心的合理选取，比例边界有限元法能够成功地满足 Sommerfeld 辐射条件，即在无穷域中由源发出的波只能以去波的形式向无穷远消散而不能有从无穷远的来波。目前比例边界有限元法已应用于时域、频域中无限域波动问题的分析以及无限地基的边界动力刚度矩阵等的求解。已有成果表明比例边界有限元法对于处理大部分无限介质问题以及各向异性介质、材料的不均匀变化等问题是非常精确、有效的。值得指出的是，考虑地基土体为水、土二相耦合的饱和土体，应用比例边界有限元法分析 3D 无限域饱和土体的动力固结问题尚未有文献报道。

1.5.6 半无限弹性空间中移动荷载动力响应的频域-波数域比例边界有限元法分析

对于半无限空间中的移动荷载问题，考虑到荷载运动方向与结构的一致性，进行空间域-波数的积分变换，可极大程度上减小计算量。值得指出的是，利用频域-波数域比例边界有限元法，得到半无限空间土体的精确动力刚度，分析时间-空间域土体动力响应问题尚未有文献报道。基于此，本书拟利用荷载移动方向的空间到波数域的 Fourier 积分变换，结合 Galerkin 法，建立频域-波数域的比例边界有限元方程，分析时间-空间域移动荷载作用下半无限弹性空间中隧道的动力响应。

1.5.7 新建公路周围土体在地下水渗流与固结影响下的沉降问题分析

人们在修建高速公路的工程中，需要进行路基开挖和支护，以利于进行路基的施工。在地下水丰富的地区，为完成这一过程，采取降水措施是必不可少的，于是，水在路基及其周围地表下土孔隙中流动产生渗流。渗流场与原路基开挖产生的应力场共同作用，促使其周围土体发生移动，导致路基周围土体变形，甚至引起已建好路基的破坏。然而目前的路基变形计算大都忽略了水的影响，仅考虑开挖产生的应力场对周边土体和围护结构的影响，从而使得计算值不能真实地反映降水与开挖对周边环境的影响。因此，在进行路基沉降计算时有必要考虑水的作用，即计算时应该采用流-固耦合的分析方法。

本书采用通用的有限元方法对路基降水开挖过程进行流-固耦合分析，首先对抽水试验进行模拟，通过位移和孔压反分析法确定土层的计算参数，然后利用抽水试验模拟确定的土层参数对路基边降水边开挖的施工过程进行模拟，预测土体和围护结构的受力和变形情况，并将计算值与实测值进行比较。

第 2 章

移动荷载作用下高速公路桥梁的稳定性分析

▶ 2.1　桥梁振动特征的理论分析模型

2.1.1　考虑桥墩-水平梁间弹簧接头的周期性高架桥平面内振动能量带分析

1. 计算模型

对于高架桥结构,采用简化物理模型将每跨之间的梁板复合为水平梁,相邻桥板与桥墩间的支撑结构均简化为弹簧连接。由于高架桥桥梁桩基础刚度一般较大,地基沉降可以忽略,因此可认为高架桥桥墩位于刚性基础上。则等跨周期性高架桥结构,其周期单元包括 1 个桥墩,左、右 2 个水平梁及 3 个连接头弹簧,如图 2-1 所示。

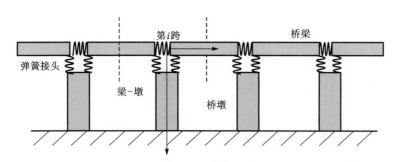

图 2-1　刚性支撑的具有弹簧接头的周期性高架桥结构示意图

2. 数值分析

考察桥墩、水平梁、弹簧等结构材料特性对高架桥平面内振动能量带分布的影响,在以下算例分析中,周期性高架桥的圆形桥墩、矩形横截面水平梁结构及接头弹簧的基本参数见表 2-1 和表 2-2。

表 2-1　桥墩、水平梁结构基本参数

桥墩杨氏模量/Pa	$2.8×10^8$
泊松比	0.3
桥墩密度/$(kg·m^{-3})$	$3.0×10^3$
桥墩高度/m	7.5
桥墩半径/m	0.3
水平梁杨氏模量/Pa	$2.8×10^8$
水平梁密度/$(kg·m^{-3})$	$3.5×10^3$
桥梁跨度/m	10.0
桥梁横截面高度/m	0.3
桥梁横截面宽度/m	2.0

表 2-2　水平梁-梁、水平梁-桥墩间接头弹簧弹性刚度

梁-梁弹簧刚度/$(N·m^{-1})$	k_{tt}	$5.0×10^8$
	k_{ts}	$5.0×10^8$
	k_{tb}	$1.0×10^8$
左端梁-桥墩弹簧刚度/$(N·m^{-1})$	k_{lt}	$2.0×10^8$
	k_{ls}	$2.0×10^8$
	k_{lb}	$0.5×10^8$
右端梁-桥墩弹簧刚度/$(N·m^{-1})$	k_{rt}	$2.0×10^8$
	k_{rs}	$2.0×10^8$
	k_{rb}	$0.5×10^8$

3. 水平梁与桥墩杨氏模量比的影响

在考察水平梁与桥墩的杨氏模量比对周期性高架桥能量带分布的影响时, 计算分析中, 水平梁与桥墩的杨氏模量比 E_b/E_d 分别为 0.2、1.0、5.0, 周期性高架桥的水平梁、桥墩及接头弹簧参数值见表 2-1、表 2-2。图 2-2、图 2-3 为周期性高架桥结构平面内振动时, 高架桥水平梁内传播的弹性波晶格波数与频率之间的频散曲线。

从图 2-2、图 2-3 中可知, 与周期性高架桥结构平面内轴向压缩、横向剪切及弯曲耦合振动相对应, 沿水平梁传播的弹性波存在 3 种类型晶格波。其中, 第一类晶格波虚部比较大, 如图 2-2(a), 表明该类晶格波衰减较快, 弹性波传播距离较短。第二类晶格波在计算频域内出现了禁带域(如 E_b/E_d = 5.0 时, f 为 0~8.0 Hz、12.0~28.0 Hz、42.0~50.0 Hz)与通带域(如 E_b/E_d = 5.0 时, f 为 8.0~12.0 Hz、28.0~42.0 Hz)交替现象, 如图 2-2(b), 在禁带域, 由于同相反射波相互叠加, 形成较强反射波, 造成晶格波衰减较

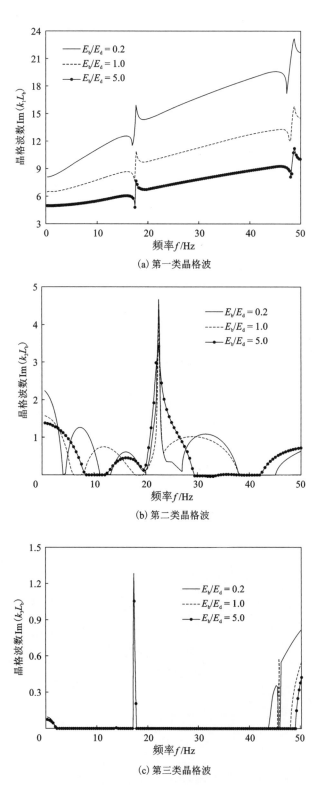

（a）第一类晶格波

（b）第二类晶格波

（c）第三类晶格波

图 2-2　不同水平梁–桥墩杨氏模量比时周期性高架桥结构中晶格波虚部

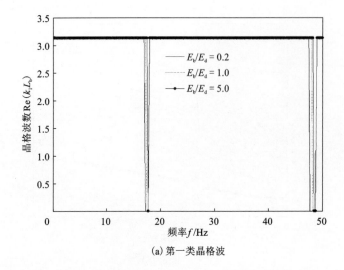

(a) 第一类晶格波

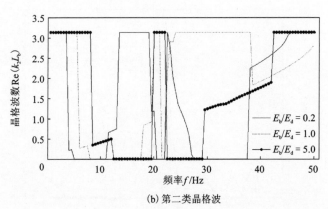

(b) 第二类晶格波

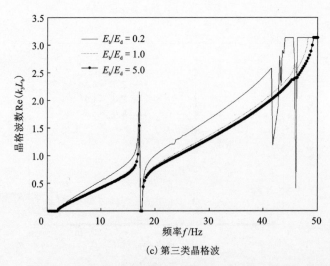

(c) 第三类晶格波

图 2-3　不同水平梁-桥墩杨氏模量比时周期性高架桥结构中晶格波实部

快；而在通带域，由于弹簧接头的存在及水平梁内纵波、横波与弯曲波的耦合作用，晶格波实部变化较大。第三类晶格波虚部除在 $0\sim5.0$ Hz 的较小频域区域及某些较窄高频段外，在其余较宽频域段几乎为 0，如图 2-2(c)，表明第三类晶格波在较大范围频率区域不发生衰减，该类型晶格波能够在结构中传播更远。

图 2-3(a)、图 2-3(c) 中第一、三类晶格波实部几乎呈直线变化，主要是由于水平梁内纵波、横波波速为常数而弯曲波波速受与频率有关的频散波的影响，因此，第一、三类晶格波是与纵波、剪切波相对应的振动模式，第二类晶格波对应弯曲波振动模式。另外，由图 2-2 可知，在计算频率域内，随着 E_b/E_d 的增大，第一类晶格波虚部明显减小，第二、三类晶格波的禁带域数也在减少，尤其是在高频区，第三类晶格波几乎为通带域。这表明随着水平梁刚度增加，在结构中传播的弹性波衰减得更慢些，传播距离将增大。

4. 接头弹簧刚度影响

在考察水平梁-梁、水平梁-桥墩间接头弹簧刚度对周期性高架桥能量带分布的影响时，计算分析中，水平梁-梁间接头弹簧刚度分为以下三种情况。CASE1：$k_{tt} = 5.0\times10^7$ N/m，$k_{ts} = 5.0\times10^7$ N/m，$k_{tb} = 1.0\times10^7$ N/m。CASE2：$k_{tt} = 5.0\times10^8$ N/m，$k_{ts} = 5.0\times10^8$ N/m，$k_{tb} = 1.0\times10^8$ N/m。CASE3：$k_{tt} = 5.0\times10^9$ N/m，$k_{ts} = 5.0\times10^9$ N/m，$k_{tb} = 1.0\times10^9$ N/m。对于每种计算情况，周期性高架桥结构、接头弹簧其他参数值见表 2-1、表 2-2。

图 2-4、图 2-5 分别表示三种水平梁-梁间接头弹簧刚度计算情况下，周期性高架桥结构平面内振动时，结构内晶格波数随频率变化的频散曲线。

从图 2-4、图 2-5 中可知，随着水平梁-梁间接头弹簧刚度增大，第一类晶格波的波数虚部减小，如图 2-4(a)。第二类晶格波通带域带宽增加，禁带域带宽减小，如图 2-4(b)，CASE1 时，禁带域为 $f = 5.8\sim19.0$ Hz，而在 CASE3 中，禁带域为 $f = 9.0\sim17.0$ Hz，而且禁带域内晶格波数减小。第三类晶格波在高频区几乎为通带域，表明随着水平梁-梁间接头弹簧刚度增大，结构中弹性波传播衰减将减慢，弹性波传播距离也会增大。

对于左端水平梁-桥墩间接头弹簧刚度对周期性高架桥能量带分布的影响，同样考察三种情况。CASE1) $k_{lt} = 2.0\times10^7$ N/m，$k_{ls} = 2.0\times10^7$ N/m，$k_{lb} = 0.5\times10^7$ N/m；CASE2) $k_{lt} = 2.0\times10^8$ N/m，$k_{ls} = 2.0\times10^8$ N/m，$k_{lb} = 0.5\times10^8$ N/m；CASE3) $k_{lt} = 2.0\times10^9$ N/m，$k_{ls} = 2.0\times10^9$ N/m，$k_{lb} = 0.5\times10^9$ N/m。每种计算情况下，周期性高架桥结构、接头弹簧其他参数值见表 2-1、表 2-2。

图 2-6、图 2-7 分别表示不同左端水平梁-桥墩间接头弹簧刚度计算情况下，周期性高架桥结构平面内振动时，结构内晶格波数与频率之间的频散变化关系曲线。

从图 2-6、图 2-7 中可知，随着左端水平梁-桥墩间接头弹簧刚度增大，第一类晶格波虚部会增大，如图 2-6(a) 所示。第二类晶格波禁带域也增宽，如图 2-6(b) 所示，在 f 为 $9.0\sim45.0$ Hz 范围内，CASE1) 中存在 2 个通带域，分别为 $f = 18.0\sim20.0$ Hz，$f = 39.0\sim45.0$ Hz；而在 CASE3) 时几乎为禁带域，并且随着左端水平梁-桥墩间接头弹簧刚度增大，该禁带域内的晶格波虚部也增大。在高频域，第三类晶格波虚部随着左端水平梁-桥墩间接头弹簧刚度增大也同样增大，表明结构中弹性波衰减得更快些，振动传播距离也会减小。

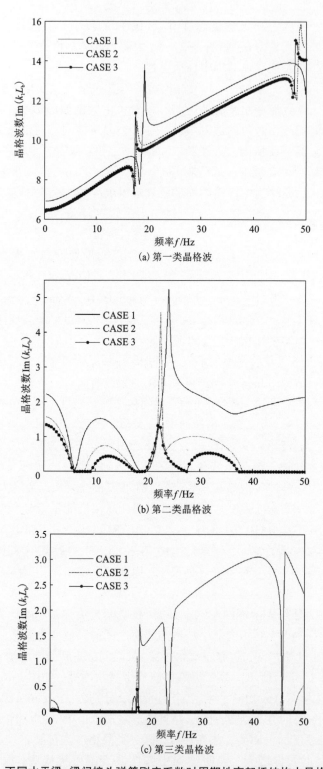

(a) 第一类晶格波

(b) 第二类晶格波

(c) 第三类晶格波

图 2-4 不同水平梁-梁间接头弹簧刚度系数时周期性高架桥结构中晶格波虚部

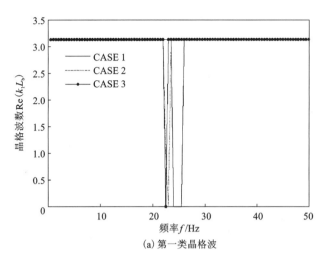

(a) 第一类晶格波

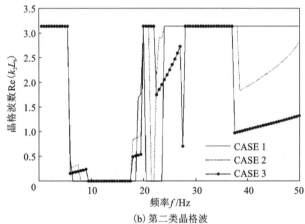

(b) 第二类晶格波

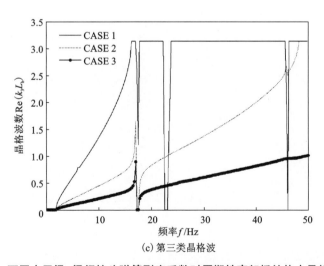

(c) 第三类晶格波

图 2-5　不同水平梁-梁间接头弹簧刚度系数时周期性高架桥结构中晶格波实部

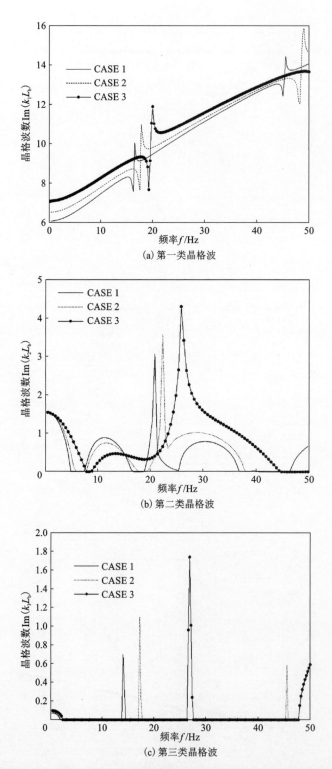

(a) 第一类晶格波

(b) 第二类晶格波

(c) 第三类晶格波

图 2-6 不同左端水平梁−桥墩间接头弹簧刚度系数时周期性高架桥结构中晶格波虚部

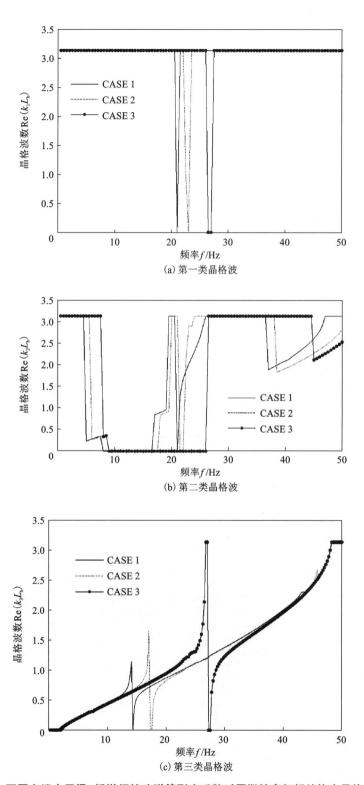

(a) 第一类晶格波

(b) 第二类晶格波

(c) 第三类晶格波

图 2-7　不同左端水平梁–桥墩间接头弹簧刚度系数时周期性高架桥结构中晶格波实部

图 2-6、图 2-7 还表明，在较小的频率范围(0～10.0 Hz)内第二、三类晶格波禁带域与通带域交替出现，而且随着左端水平梁-桥墩间接头弹簧刚度增大，通带域边缘频率增大，如图 2-6(b)所示，在三种左端水平梁-桥墩间接头弹簧刚度情况下，第二类晶格波通带域边缘所对应频率 f 分别为 4.0 Hz、6.2 Hz、8.1 Hz。已有文献研究表明，在通带域边缘存在类似周期性结构缺陷态的平直带，表示弹性波在对应频率下出现局部化现象，引起能量集中，因此进行高架桥结构设计时结构基本主频不能落在较小频率区间。

5. 小结

①对于具有水平梁-梁及水平梁-桥墩间的弹簧连接的周期性高架桥结构，在平面内振动时结构中存在三种晶格波。

②平面内振动的周期性高架桥结构内第一类晶格波沿高架桥结构衰减较快，沿结构传播距离较短；对于第二类晶格波，在计算频率范围内，禁带域与通带域交替出现；而第三类晶格波的虚部在较大频率区域内较小，表明结构中振动传播的是第三类晶格波。

③当计算频率较小时，周期结构中三种晶格波的复波数相对较大，表明在较小频率时振动波难以沿周期性结构传播，因此，进行高架桥结构设计时，基本主频不能在较小频率区域，否则极易引起能量集中，造成结构破坏。

④随着周期性高架桥结构水平梁刚度、水平梁-梁弹簧接头刚度增大，高架桥结构中振动晶格波衰减将减慢，振动波传播速度增大，振动传播距离也会增大。

⑤随着水平梁-桥墩间弹簧接头刚度的增大，结构中传播的晶格波虚部将增大，表明结构中振动波衰减得更快些，振动传播距离也会减小。

2.1.2 平面外振动周期性高架桥失谐局部化问题分析

为分析平面外振动情况下，周期性高架桥结构的桥墩高度、水平桥梁跨长失谐引起的振动局部化现象，定义桥墩高度、水平桥梁跨长的失谐为随机变量 x，服从均值为 x_0、变异系数为 δ 的均匀分布，即 $x=x_0[1+\sqrt{3}\delta(2\xi-1)]$，其中，$\xi\in(0,1)$ 为服从标准均匀分布随机变量。周期性高架桥的桥墩为圆形横截面，桥梁结构为矩形横截面，其基本参数见表 2-3、表 2-4。

表 2-3 桥墩结构基本参数

弹性参数 E_{d1}/Pa	5.6×10^{10}
弹性参数 E_{d2}/Pa	5.6×10^{10}
黏弹性参数 η_d/(Ns·m^{-2})	0
泊松比 ν_d	0.3
密度 ρ_d/(kg·m^{-3})	3.0×10^3
桥墩高度 L_d/m	5.0
桥墩半径 R_d/m	0.5

表 2-4　桥梁结构基本参数

弹性参数 E_{d1}/Pa	$5.6×10^{10}$
弹性参数 E_{d2}/Pa	$5.6×10^{10}$
黏弹性参数 η_d/(Ns·m^{-2})	0
泊松比 v_d	0.3
密度 ρ_d/(kg·m^{-3})	$3.0×10^3$

1. Lyapunov 指数与理想周期性结构晶格波数比较

平面外振动的理想周期性结构中存在三种晶格波,且晶格波数的虚部表示特征波的衰减,而实部表示周期性结构中传播的特征波相变。图 2-8 表示周期性高架桥结构 Lyapunov 正指数与结构中的三种特征波数的虚部比较。

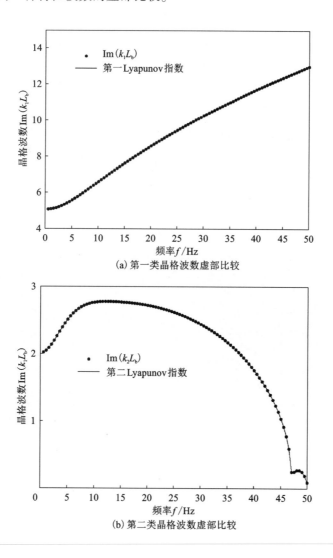

(a) 第一类晶格波数虚部比较

(b) 第二类晶格波数虚部比较

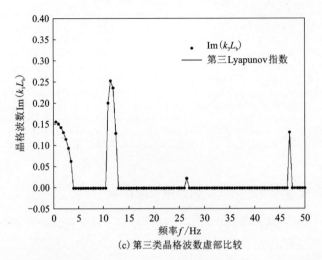

(c) 第三类晶格波数虚部比较

图 2-8　周期性高架桥结构 Lyapunov 正指数与结构中的三种特征波数的虚部比较

从图 2-8 中可知，周期性结构的 Lyapunov 正指数与晶格波数的虚部完全相同，而且对比图 2-8(a)、图 2-8(c) 可知，Lyapunov 第三正指数比 Lyapunov 第一正指数小，由此可见，高架桥周期性结构中第三类晶格波衰减最慢，在结构中传播更远，因此 Lyapunov 指数同样可表示周期性结构中传播特征波数的空间衰减。

2. 桥墩高度失谐对结构中振动波局部化的影响

图 2-9 表示不同频率下，桥墩高度三种失谐 $\delta = 0, 0.05, 0.1$ 情况下 Lyapunov 正指数与振动频率之间的关系。

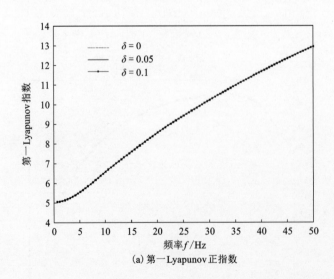

(a) 第一 Lyapunov 正指数

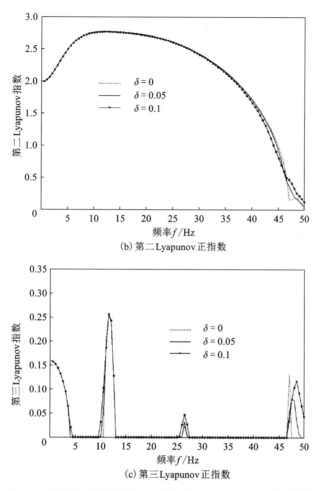

(b) 第二 Lyapunov 正指数

(c) 第三 Lyapunov 正指数

图 2-9　不同频率下桥墩高度失谐对 Lyapunov 正指数的影响

从图 2-9(a)、图 2-9(b) 中可知,当振动频率较小时,桥墩高度失谐对第一、第二 Lyapunov 正指数几乎没有影响。从图 2-9(c) 中可知,随着 δ 增大,波的局部化更显著。在计算频域范围[20 Hz, 50 Hz]内,由于波场局部化,在禁带域内的 Lyapunov 第三正指数减小,而在通带域内的 Lyapunov 第三正指数增大。

3. 桥梁跨长失谐对振动波局部化的影响

图 2-10 表示不同频率下,水平桥跨长度三种失谐 δ 分别为 0、0.05、0.1 时对 Lyapunov 正指数的影响。

从图 2-10(a) 中可知,在计算频率范围内,水平桥梁跨长对第一 Lyapunov 正指数几乎没有影响。从图 2-10(b) 中可知,在频域[35 Hz, 50 Hz]范围内,水平桥梁跨长失谐对 Lyapunov 第二正指数有一定影响。从图 2-10(c) 中可知,当计算频率低于 5 Hz 及在频域[30 Hz, 35 Hz]范围时,水平桥梁跨长失谐对第三 Lyapunov 正指数几乎没有影响。而在其他频率计算域,随着频率增大,表示波场局部化的 Lyapunov 第三正指数影响更显著。

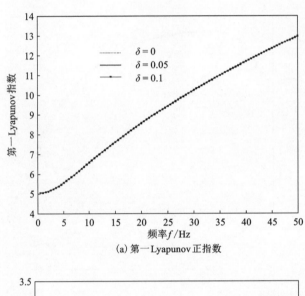

(a) 第一Lyapunov正指数

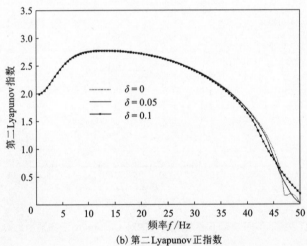

(b) 第二Lyapunov正指数

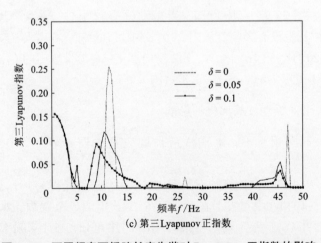

(c) 第三Lyapunov正指数

图 2-10　不同频率下桥跨长度失谐对 Lyapunov 正指数的影响

4. 周期性结构阻尼与失谐对振动波局部化的影响

为分析结构材料阻尼及失谐对周期性结构振动局部化的影响，考察四种情况下 Lyapunov 正指数随频率变化关系。CASE A：无阻尼理想周期性结构（$\eta_d = 0$，$\delta = 0$）。CASE B：无阻尼周期性失谐结构（$\eta_d = 0$，$\delta = 0.05$）。CASE C：有阻尼理想周期性结构（$\eta_d = 2.5 \times 10^5$ Ns/m²，$\delta = 0$）。CASE D：有阻尼周期性失谐结构（$\eta_d = 2.5 \times 10^5$ Ns/m²，$\delta = 0.05$）。图 2-11、图 2-12 分别表示桥墩高度、桥梁水平跨长失谐时四种情况下 Lyapunov 正指数变化情况。

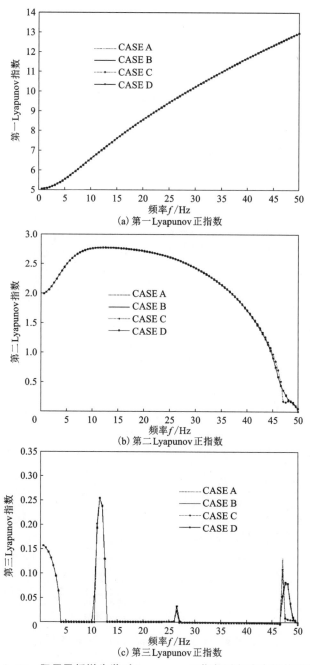

(a) 第一 Lyapunov 正指数

(b) 第二 Lyapunov 正指数

(c) 第三 Lyapunov 正指数

图 2-11　阻尼及桥墩失谐对 Lyapunov 正指数随频率变化的影响

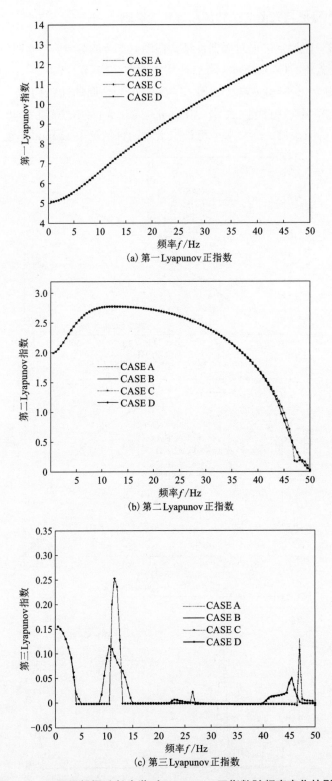

(a) 第一Lyapunov正指数

(b) 第二Lyapunov正指数

(c) 第三Lyapunov正指数

图 2-12　阻尼及桥梁跨长失谐对 Lyapunov 正指数随频率变化的影响

　　图 2-11(a)表明,桥桥墩高度三种失谐的四种情况对周期性高架桥结构的 Lyapunov
第一正指数几乎没有影响。从图 2-11(b)中可知,只在高频时,四种情况下的 Lyapunov 第
二正指数有一定差异。图 2-11(c)表明,在计算频率域 25～50 Hz 时,结构材料的阻尼及
桥墩高度失谐对波场局部化的 Lyapunov 第三正指数有较明显的影响,在禁带域,考虑阻尼
的理想周期性结构(CASE C)的 Lyapunov 第三正指数最大。在通带域,考虑阻尼失谐的周
期性结构(CASE D)的 Lyapunov 第三正指数最大。而且在通带域,无阻尼的理想周期性结
构(CASE A)的 Lyapunov 第三正指数大于无阻尼失谐周期性结构(CASE B),表明在通带
域,结构材料阻尼对周期性结构波场局部化的影响大于周期性结构的失谐。

　　图 2-12(a)、图 2-12(b)表明桥梁结构跨长失谐的四种情况对周期性高架桥结构
的 Lyapunov 第一、二正指数的影响几乎与图 2-11(a)、图 2-11(b)相同。图 2-12(c)
表明,当计算频率域小于 5 Hz 时,结构材料的阻尼及失谐对波场局部化的 Lyapunov 第三
正指数没有明显的影响,随着计算频率增大,影响增强。在第四个禁带域,有阻尼失谐周
期性结构的 Lyapunov 第三正指数位于有阻尼理想周期性结构和无阻尼失谐周期性结构
的 Lyapunov 第三正指数之间,表明在禁带域,结构失谐会减小周期结构波场局部化,而结
构材料阻尼使周期结构波场局部化增大。

5. 小结

　　①与第一、二 Lyapunov 正指数相比,Lyapunov 第三正指数更小,因此 Lyapunov 第三正
指数可以反映周期性结构中振动波的衰减趋势,即局部化因子。

　　②在周期性高架桥通带域,结构阻尼对周期性结构波场局部化的影响大于桥墩高度和
桥梁跨度失谐;而在禁带域,桥墩高度和桥梁跨度失谐对局部化比阻尼更有明显影响。

　　③低频时桥墩高度及桥梁跨度失谐对 Lyapunov 指数几乎没有影响,而随着频率增大,
周期性高架桥结构失谐引起局部化现象明显,主要是由于高频波的波长较小,从而使结构
对较小的失谐敏感。

2.1.3　空间非均布地震波作用下周期性高架桥平面内振动分析

　　周期性高架桥水平梁横截面为矩形,桥墩为圆形,水平梁-梁及水平梁-桥墩间连接弹
簧及高架桥水平梁、桥墩结构材料参数如表 2-5、表 2-6 所示。对于入射地震波场,采用
饱和土体内单位圆形均布简谐分布荷载作为振源。单位圆形中心点坐标为 $(x_s, y_s, z_s) =$
$(0, 20.0\ m, 10.0\ m)$,半径 $R = 0.5$,荷载幅值 $F_z = 1.0\ N$。饱和土体参数为: $\mu = 2.0 \times$
$10^7\ N/m^2$, $\alpha_\infty = 2.0$, $\lambda = 4.0 \times 10^7\ N/m^2$, $\alpha = 0.97$, $b_p = 1.94 \times 10^6\ kg/m^3 \cdot s$, $M = 2.4 \times$
$10^8\ N/m^2$, $\varphi = 0.4$, $\rho_s = 2.0 \times 10^3\ kg/m^3$, $\rho_f = 1.0 \times 10^3\ kg/m^3$。

表 2-5　桥墩、水平梁结构基本参数

桥墩杨氏模量 E_d/Pa	2.8×10^{10}
泊松比 υ_d	0.3
桥墩密度 ρ_d/(kg·m^{-3})	3.0×10^3

续表2-5

桥墩杨氏模量 $E_{\mathrm{d}}/\mathrm{Pa}$	2.8×10^{10}
桥墩高度 $L_{\mathrm{d}}/\mathrm{m}$	7.5
桥墩半径 $R_{\mathrm{d}}/\mathrm{m}$	0.3
水平梁杨氏模量 $E_{\mathrm{b}}/\mathrm{Pa}$	2.8×10^{10}
水平梁密度 $\rho_{\mathrm{b}}/(\mathrm{kg} \cdot \mathrm{m}^{-3})$	3.5×10^{3}
桥梁跨度 $L_{\mathrm{b}}/\mathrm{m}$	10
桥梁横截面高度 $h_{\mathrm{b}}/\mathrm{m}$	0.3

表 2-6　水平梁-梁及水平梁-桥墩连接弹簧弹性刚度

梁-梁弹簧刚度/$(\mathrm{N} \cdot \mathrm{m}^{-1})$	k_{tt}	5.0×10^{8}
	k_{ts}	5.0×10^{8}
	k_{tb}	1.0×10^{8}
左端梁-桥墩弹簧刚度/$(\mathrm{N} \cdot \mathrm{m}^{-1})$	k_{lt}	2.0×10^{8}
	k_{ls}	2.0×10^{8}
	k_{lb}	0.5×10^{8}
右端梁-桥墩弹簧刚度/$(\mathrm{N} \cdot \mathrm{m}^{-1})$	k_{rt}	2.0×10^{8}
	k_{rs}	2.0×10^{8}
	k_{rb}	0.5×10^{8}

1. 周期性结构能量带分析

如图 2-13 所示为周期性高架桥结构平面内振动时传播的特征波,从图 2-13 中可知,周期性高架桥平面内振动时存在三种特征晶格波,不同频率下三种特征波能量带分布形式不同。第一、二类晶格波的虚部都较大,表明第一、二类晶格波在周期性高架桥结构中不能传播较远,振动波会迅速衰减;第三类晶格波的虚部在不同频率下交替出现通带和禁带,并且第三类晶格波的虚部要比第一、二类晶格波的虚部小些,表明在高架桥结构中振动传播的主要是第三类晶格波。

2. 非均布荷载作用下周期性结构动力响应

考察饱和土体内单位圆形均布简谐荷载作为空间非均布地震波振源,图 2-14、图 2-15 分别为当振源简谐荷载频域 f 为 12.0 Hz、18.0 Hz 时,周期性高架桥各跨水平梁左端处的无量纲化轴向、切向位移幅值($\mu_x \mu R/F_z$、$\mu_d \mu R/F_z$)的动力响应。

从图 2-14(a)中可知,当振源简谐荷载频域 $f=12.0$ Hz 时,在振源附近的 100 跨内($-50,50$),高架桥水平梁处的轴向位移迅速衰减;但当超过 100 跨时,轴向位移衰减较

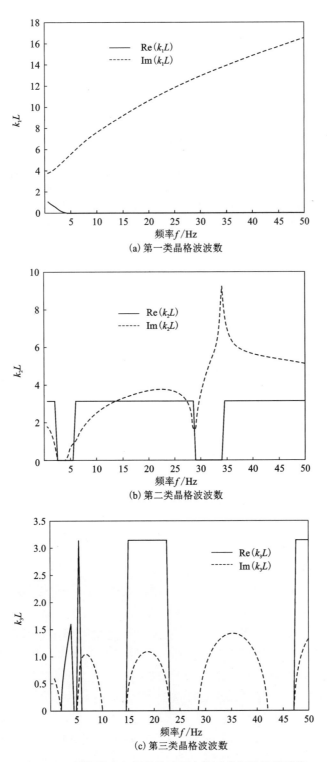

(a) 第一类晶格波波数

(b) 第二类晶格波波数

(c) 第三类晶格波波数

图 2-13　周期性高架桥结构平面内振动特征波的能量带

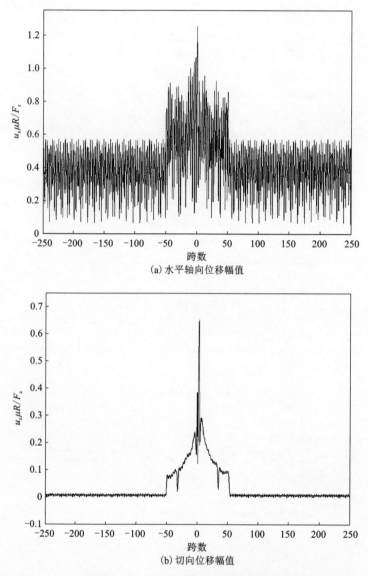

(a) 水平轴向位移幅值

(b) 切向位移幅值

图 2-14 入射波频率 f = 12.0 Hz(通带域)时周期性高架桥结构动力响应

慢。其主要原因是在 100 跨范围内,高架桥振动主要是由外部振源引起的;当超过振源一定范围(100 跨之外),主要是由于振源荷载频率位于周期性高架桥结构能量带的通带域内,在周期性结构中特征波能够传播,不会衰减,从而引起距离振源较远处的高架桥结构的振动。而图 2-14(b)中高架桥结构在距离振源较远处(100 跨之外)也迅速衰减,因此,由图 2-14 可知,位于通带域内的振源在高架桥结构中是以轴向为主的第三类晶格波传播。

图 2-15 表明,当振源简谐荷载频域 f = 18.0 Hz 时,周期性高架桥结构只在振源附近的 20 跨内(-10,10)响应较大,而距离振源较远处,高架桥水平梁处的轴向、切向位移迅速衰减。主要是当振源频率位于周期性结构能量带的禁带域时,振动特征波衰减较快,只能在较短距离传播。

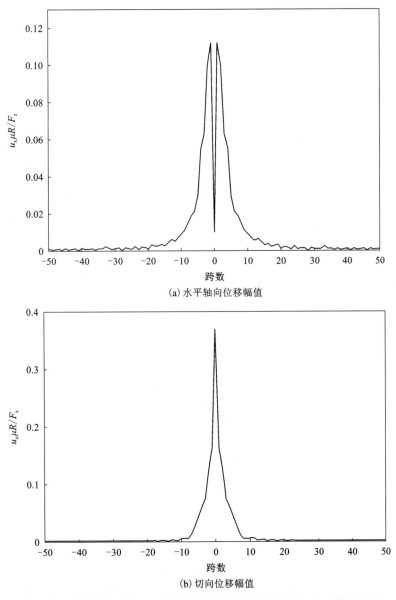

(a) 水平轴向位移幅值

(b) 切向位移幅值

图 2-15　入射波频率 f = 18.0 Hz(禁带域)时周期性高架桥结构动力响应

3. 小结

①周期性高架桥结构中存在三种特征晶格波,第一类晶格波衰减较快,第二类特征晶格波只在有限频域内传播,第三类特征波在通带域能够传播并且衰减较小。

②周期性结构在距离地震波振源较远处的振动特性主要是由结构中传播的特征波决定的,当地震波振源频率位于周期性高架桥结构的通带域时,振动特征波衰减较慢,振动能够在周期性结构中传播,因此在距离振源较远处,振动不会衰减。

③当入射地震波的频率处于周期性高架桥结构的禁带域时,高架桥结构只在振源附近有响应,振动波在高架桥结构中迅速衰减,不能沿结构传播。

▶ 2.2 定江大桥 $9^{\#}$ ~ $12^{\#}$ 墩台监控分析

2.2.1 工程概况

1. 桥位

定江大桥位于铜鼓县三都镇枫槎村附近,为跨越定江而修建,桥区位于定江河河谷平原,地势平坦,路线跨越村庄、河流,主要为种植区。K4+140~K4+220 段跨越定江,据区域水文资料,定江河多年平均流量约为 30.2 m³/s。桥位区无滑坡及坍塌等不良地质现象。

2. 工程地质条件

(1)地层结构及地质构造

根据现场地质调绘及钻孔资料分析,钻孔揭露深度范围内桥区地层结构自上而下依次为第四系全新统冲洪积层(Q_4^{al+pl})、白垩系上统南雄组(K_2n)泥质粉砂岩和中元古宙双桥山群(Pt_2)板岩。项目走廊主要位于扬子准地台西南部,与华南褶皱系交接的萍乡至乐平近东西向拗陷带的西北缘。区内新华夏系和华夏系褶皱、断裂构造颇为发育,构造面貌复杂,地层褶曲明显,构造线迹总体呈北东、北北东向,局部被北西向断裂构造切割;表现形式主要为大量的断层和断陷盆地,并有多期岩体侵入。根据《江西省地震动参数区划工作用图》(2003 年),本标段路线区地震动峰值加速度为 0.05 g,为地震基本烈度Ⅵ度区,构造物按 7 度设防。

(2)水文地质情况

根据调绘及钻探资料分析,桥区地下水类型有第四系松散孔隙水和基岩裂隙水。第四系松散岩类孔隙水主要赋存于第四系残坡积及冲洪积覆盖层中,地下水连通性好,与地表水有紧密的水力联系,水量一般,水位随季节而变化,勘察期间地下水水位高程在210.50~237.95 m。基岩裂隙水主要赋存于泥质粉砂岩、砾岩和板岩裂隙中,连通性差,富水相对贫乏,且无承压性。

根据调查及取样分析,地下水水质类型为 HCO_3-Ca 型水,根据水质分析结果,按照《公路工程地质勘察规范》(JTG C20—2011)有关水质的评价标准——直接临水,或强透水土层,该水质对混凝土具有中等腐蚀性;弱透水土层,该水质对混凝土具有弱腐蚀性——该水质对钢筋混凝土结构中的钢筋具有微腐蚀性。

地表水水质类型为 HCO_3-Ca 型水,根据水质分析结果,按照《公路工程地质勘察规范》(JTG C20—2011)有关水质的评价标准——直接临水,或强透水土层,该水质对混凝土具有中等腐蚀性;弱透水土层,该水质对混凝土具有微腐蚀性——该水质对钢筋混凝土结构中的钢筋具有微腐蚀性。

(3)工程地质条件评价

桥区位于定江河河谷平原,地形起伏不大,地势平坦,跨越村庄河流,区域出露地层为白垩系上统南雄组(K_2n)和中元古宙双桥山群(Pt_2),基岩为泥质粉砂岩、砾岩和板岩,通过路线地质调查和钻探揭露,K4+056 附近为地层分界线;路线地质调查和区域资料显示，K4+265 附近有一条断层通过，岩体破碎，岩性相对复杂。桥区内基岩起伏不大，无明显差异性运动，新构造运动不明显，水质纯净，对混凝土有微腐蚀性，桥台两侧自然边坡稳定，故桥区场地基本稳定，其工程地质条件属复杂类型。

2.2.2　监测点埋设

本次监测对象为铜万高速公路 A1 标定江大桥 9#、10#、11# 和 12# 墩台，内容包括：①定江大桥 9#、10#、11# 和 12# 墩柱沉降监测，监测点布置图如图 2-16 所示。

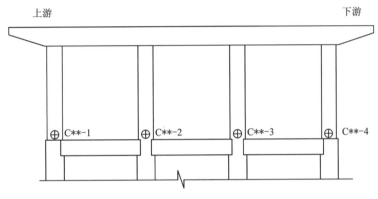

图 2-16　墩柱沉降监测点布置图

②定江大桥 9#、10#、11# 和 12# 墩拱脚水平位移监测，监测点布置图如图 2-17 所示。

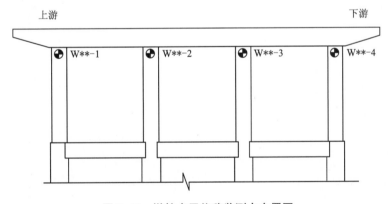

图 2-17　墩柱水平位移监测点布置图

2.2.3　监测数据分析

搜集武宁—铜鼓大断裂相关资料，调查发现定江大桥附近存在活断层，对跨越活断层的定江大桥基础进行监测，主要监测 9#、10#、11# 和 12# 墩台水平位移和沉降随时间的变化，并据此对桥梁的稳定性作出评价。

从 2015 年 9 月开始，对跨越断层带的定江大桥的 9#~12# 桥墩进行沉降测量，测量设备为 NA2 徕卡水准仪，9#~12# 桥墩累计沉降监测数据统计表详见表 2-7~表 2-11。

表 2-7 9#墩柱沉降表   单位：mm

监测位置 监测时间	C9-1	C9-2	C9-3	C9-4
2015/09/01	1.21	1.16	-0.20	0.32
2015/09/16	0.62	0.71	-0.53	0.56
2015/10/01	0.21	0.37	-1.16	0.12
2015/10/16	0.10	0.19	-1.07	-0.45
2015/10/31	0.01	-0.24	-1.68	-0.91
2015/11/15	-0.18	-0.34	-1.37	-0.79
2015/11/30	0.14	-0.11	-0.97	-0.55
2015/12/15	0.35	0.34	-1.08	-0.72
2015/12/30	0.55	0.51	-1.34	-0.94
2016/01/14	0.11	0.18	-1.32	-0.75
2016/01/29	0.78	0.25	-1.13	-0.52
2016/02/13	0.31	0.55	-1.16	-0.54
2016/02/28	1.19	0.89	-0.85	-0.38
2016/03/14	1.00	1.17	-0.25	-0.27
2016/03/29	0.64	0.56	-0.93	0.13
2016/04/15	1.13	0.89	-0.64	0.51
2016/04/30	0.48	0.27	-1.41	-0.14
2016/05/15	1.03	0.82	-0.57	0.36
2016/05/30	1.34	0.96	-0.55	0.48
2016/06/14	2.22	1.44	-0.05	0.93
2016/06/29	0.89	0.74	-0.38	0.46
2016/07/14	1.06	0.91	0.01	0.78
2016/07/29	0.87	1.32	-0.03	0.64
2016/08/13	1.30	1.96	0.20	0.80
2016/08/28	0.38	1.14	-0.92	0.21
2016/09/12	0.46	0.55	-1.19	-0.39
2016/09/27	-0.14	0.17	-1.27	-0.71
2016/10/12	0.65	1.06	-0.36	0.23
2016/10/27	0.84	0.99	-0.68	0
2016/11/11	0.95	1.86	-0.07	0.54

表 2-8　10#墩柱沉降表　　　　　　　　　单位：mm

监测时间 ＼ 监测位置	C10-1	C10-2	C10-3	C10-4
2015/09/16	2.30	1.74	2.30	1.58
2015/10/01	2.47	1.45	1.62	0.75
2015/10/16	2.78	1.66	1.70	1.18
2015/10/31	2.36	1.44	1.84	1.34
2015/11/15	1.91	0.48	1.50	0.82
2015/11/30	1.41	1.06	1.41	1.54
2015/12/15	1.22	1.36	1.29	1.77
2015/12/30	1.52	0.73	1.54	0.88
2016/01/14	1.35	0.53	1.14	0.65
2016/01/29	1.53	0.69	1.11	0.50
2016/02/13	1.77	0.61	0.75	0.74
2016/02/28	2.08	0.08	1.65	-0.14
2016/03/14	1.84	0.27	1.55	0.18
2016/03/29	2.72	0.47	1.34	0.77
2016/04/15	1.93	0.62	1.26	1.01
2016/04/30	2.28	0.99	1.59	1.37
2016/05/15	1.62	0.35	0.95	0.61
2016/05/30	2.15	1.16	1.42	1.08
2016/06/14	2.47	1.28	1.72	1.38
2016/06/29	3.15	2.07	2.14	1.72
2016/07/14	2.67	1.37	2.25	0.94
2016/07/29	2.87	1.59	2.62	1.13
2016/08/13	2.90	1.92	2.88	1.16
2016/08/28	3.15	2.25	3.32	1.00
2016/09/12	2.71	2.01	2.67	1.19
2016/09/27	2.30	1.27	2.31	0.76
2016/10/12	1.86	0.37	1.73	0.13
2016/10/27	2.66	1.30	2.61	0.98
2016/11/11	2.70	1.61	2.80	1.24

表 2-9 11#墩柱沉降表 单位：mm

监测位置 监测时间	C11-1	C11-2	C11-3	C11-4
2015/10/01	-2.16	-1.28	-0.14	-0.78
2015/10/16	-2.63	-1.34	-0.20	-1.44
2015/10/31	-3.03	-1.54	-0.40	-2.04
2015/11/15	-3.47	-2.01	-0.73	-2.37
2015/11/30	-3.60	-2.92	-1.50	-2.44
2015/12/15	-3.20	-2.90	-1.52	-2.66
2015/12/30	-2.94	-2.77	-1.22	-2.36
2016/01/14	-3.02	-2.58	-1.45	-1.76
2016/01/29	-3.32	-2.38	-1.85	-1.52
2016/02/13	-2.79	-2.73	-1.37	-2.01
2016/02/28	-2.79	-2.40	-0.87	-1.51
2016/03/14	-2.21	-1.81	-0.67	-1.31
2016/03/29	-2.15	-1.59	-0.44	-1.08
2016/04/15	-2.22	-1.91	-0.77	-1.41
2016/04/30	-2.54	-2.17	-1.03	-1.67
2016/05/15	-2.75	-2.43	-1.29	-1.93
2016/05/30	-2.88	-2.40	-1.25	-1.89
2016/06/14	-2.89	-2.44	-1.28	-1.92
2016/06/29	-3.04	-2.47	-1.06	-2.00
2016/07/14	-2.57	-2.51	-0.60	-1.80
2016/07/29	-3.08	-2.41	-1.27	-1.91
2016/08/13	-3.03	-2.43	-1.29	-1.93
2016/08/28	-3.30	-2.21	-1.23	-1.78
2016/09/12	-3.10	-2.04	-1.12	-1.69
2016/09/27	-3.45	-2.47	-1.34	-2.07
2016/10/12	-3.18	-2.66	-1.47	-2.11
2016/10/27	-3.10	-2.47	-1.33	-1.97
2016/11/11	-2.69	-2.10	-0.96	-1.60

表 2-10 12#墩柱沉降表　　　　　　单位：mm

监测位置 监测时间	C12-1	C12-2	C12-3	C12-4
2015/10/16	0.42	0.31	0.37	0.28
2015/10/31	−0.24	−0.67	−0.58	−0.37
2015/11/15	−0.94	−1.05	−1.11	−0.84
2015/11/30	−1.33	−1.21	−1.25	−1.23
2015/12/15	−1.40	−1.56	−1.72	−1.45
2015/12/30	−1.64	−1.27	−1.29	−1.09
2016/01/14	−1.84	−1.03	−1.09	−0.93
2016/01/29	−0.89	−0.68	−0.66	−0.64
2016/02/13	−1.15	−0.98	−0.88	−0.91
2016/02/28	−0.90	−1.24	−1.25	−1.07
2016/03/14	−0.45	−0.57	−0.47	−0.40
2016/03/29	0.02	−0.35	−0.07	−0.13
2016/04/15	−0.06	−0.09	−0.15	−0.16
2016/04/30	−0.02	−0.40	−0.09	−0.23
2016/05/15	−0.39	−0.40	−0.46	−0.27
2016/05/30	−0.08	−0.46	−0.09	−0.33
2016/06/14	−0.78	−0.93	−0.76	−0.76
2016/06/29	−0.76	−0.55	−0.80	−0.80
2016/07/14	−0.74	−0.67	−0.71	−0.75
2016/07/29	−0.12	−0.27	−0.36	−0.71
2016/08/13	−0.84	−0.89	−0.84	−0.76
2016/08/28	−0.53	−0.70	−0.65	−0.67
2016/09/12	−0.72	−0.79	−0.84	−0.44
2016/09/27	−0.36	−0.50	−0.95	−0.24
2016/10/12	−0.61	−0.33	−0.79	−0.07
2016/10/27	−0.89	−0.93	−1.08	−1.01
2016/11/11	−0.94	−0.96	−0.90	−0.75

表 2-11　9#～12#墩沉降　　　　　　　　　　　　　单位：mm

位置	本次累计值	位置	本次累计值
9 墩 1 号柱	0.95	11 墩 1 号柱	-2.32
9 墩 2 号柱	1.86	11 墩 2 号柱	-1.78
9 墩 3 号柱	-0.07	11 墩 3 号柱	-0.58
9 墩 4 号柱	0.54	11 墩 4 号柱	-1.22
10 墩 1 号柱	2.64	12 墩 1 号柱	-0.94
10 墩 2 号柱	2.15	12 墩 2 号柱	-0.96
10 墩 3 号柱	2.18	12 墩 3 号柱	-0.90
10 墩 4 号柱	1.29	12 墩 4 号柱	-0.75

　　根据定江大桥 9#～12# 桥墩累计沉降数据表可知，其中沉降最大累计变化量为 2.64 mm，均未超过预警值。综合监测数据以及考虑到测量误差影响，认为断层破碎带对墩柱沉降的影响较小，各测点累计变化量在可控范围内波动。

▶ 2.3　本章小结

　　本章以高架桥水平梁与主梁、主梁与桥墩间的弹簧连接为切入点，先推导出弹簧接头处的传递矩阵，随后建立周期性高架桥结构特征方程，最后通过数值计算分析桥墩、水平梁等结构材料特性等对周期性高架桥结构平面内振动能量带分布的影响，主要结论如下：

　　①水平梁与主梁、主梁与桥墩间弹簧连接的周期性高架桥结构，平面内振动时结构中存在三种晶格波。

　　②平面内振动的周期性高架桥结构内第一类晶格波沿高架桥结构衰减较快，沿结构传播距离较短；第二类晶格波在计算频率范围内的禁带域与通带域交替出现；若晶格波虚部在较大频率区域内较小，则表明结构中振动传播的为第三类晶格波。

　　③当计算频率较小时周期性结构中三种晶格波的复波数较大，振动波难以沿周期性结构传播，故进行周期性高架桥结构设计时，主频要避免出现在较小频率区内，否则会引起能量集中影响结构的稳定性。

　　④随着周期性高架桥结构水平梁刚度、水平梁与主梁弹簧接头刚度的增大，高架桥结构中振动晶格波衰减减慢，振动波传播速度增大，振动传播距离亦增大。

第 3 章

破碎带围岩与隧道支护结构的相互作用机理及
隧道动力响应分析

3.1 施工监测反演

3.1.1 Pareto 最优理论与多目标校准

多目标问题是为了权衡多个目标函数之间可能的最佳模型参数或状态变量，其数学函数表达式为

$$\begin{cases} \text{minimize } \boldsymbol{f}(\boldsymbol{x}) \\ s.t. \quad R_i(\boldsymbol{x}) \leqslant 0 (i = 1, 2, \cdots, r) \\ \boldsymbol{x} = (x_1, x_2, \cdots, x_m) \in X \\ \boldsymbol{f}(\boldsymbol{x}) = [f_1(x), f_2(x), \cdots, f_n(x)] \in F \end{cases} \tag{3-1}$$

式中：向量 $\boldsymbol{x}$ 为参数变量；X 为 $\boldsymbol{x}$ 形成的参数空间；向量 $\boldsymbol{f}(\boldsymbol{x})$ 为目标函数；F 为 $\boldsymbol{f}(\boldsymbol{x})$ 形成的目标空间；$R(\boldsymbol{x})$ 为约束条件，决定 $\boldsymbol{x}$ 可行取值范围。minimize 表示目标向量 $\boldsymbol{f}(\boldsymbol{x})$ 在约束条件下子目标函数都尽可能地极小化。

本书在符合实际的取值范围 $R(\boldsymbol{x})$ 内，确定理论模型 X 中的本构参数 $\boldsymbol{x}$，使计算值与多项监测值的误差 $\boldsymbol{f}(\boldsymbol{x})$ 极小。

多目标和单目标问题有着本质上的区别，即多目标问题的最优解不可能只有一个解。后来 Pareto 提出向量优化的概念用于求得最优解的集合，故该解集也被称为 Pareto 最优解集。求解方法为不使任何目标函数变差的情况下，使得至少一个目标函数变得更好，可描述为当 x_i 优于 x_j 时，满足：

$$\begin{cases} \forall k \in [1, n], f_k(x_i) \leqslant f_k(x_j) \\ \exists k \in [1, n], f_k(x_i) < f_k(x_j) \end{cases} \tag{3-2}$$

Pareto 最优解集对应的目标函数值组成的曲面称为 Pareto 前沿。在双目标空间中，Pareto 前沿为一条曲线。曲线上每个点的坐标分别为两个目标函数值。Pareto 曲线理论上有凸曲线和非凸曲线两种形式，非凸部分目标间冲突过大，通常无有效解；凸曲线又能分成两类，如图 3-1 所示。图 3-1(a)所示为尖锐型 Pareto 曲线，曲率比较大，能获得满足目标函数较好的解；图 3-1(b)所示为平缓型 Pareto 曲线，曲率比较小，不能同时较好地满足目标函数，需要研究其出现的原因。

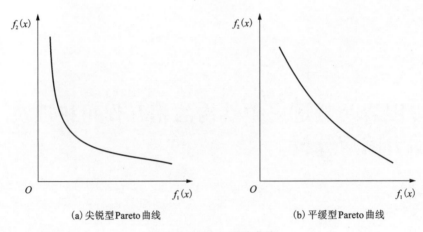

(a) 尖锐型Pareto曲线   (b) 平缓型Pareto曲线

图 3-1　Pareto 理论曲线

由于多目标最优不存在单一解，表示解集中每一个解在相应的情况下都可以是最佳的，因此选取最优解的标准十分重要。本书采用种群优化算法以均方根误差（RMSE）为目标函数的协调最优解求解方法，过程分为两步。

①对目标函数进行标定，为了弥补目标函数不对等的情况，通过下式将函数化为相同量级。

$$g_i(f_i) = \frac{f_i}{\sigma_i} + \varepsilon_i (i = 1, 2, \cdots, n) \tag{3-3}$$

式中：f_i 为末代第 i 个目标函数；σ_i 为初始种群第 i 个目标函数的标准差；ε_i 为转换常数，满足下式。

$$\varepsilon_i = \max\left\{\min\left\{\frac{F_j}{\sigma_j}\right\}, j = 1, 2, \cdots, n\right\} - \min\left\{\frac{F_i}{\sigma_i}\right\} \tag{3-4}$$

式中：F_i 为第 i 个目标函数末代种群（空间），满足下式。

$$F_i = \{f_i^1, f_i^2, \cdots, f_i^m\} \tag{3-5}$$

式中：f_i^j 为末代第 i 个目标函数中第 j 个体。ε_i 的作用就是将归一化的目标函数平移至相等距离处。

②将转化函数合成总目标函数，如下式：

$$F_{\text{agg}} = \sum_{i=1}^{n} \omega_i g_i(f_i) \quad \left(\sum_{i=1}^{n} \omega_i = 1\right) \tag{3-6}$$

式中：ω_i 为权重系数，表示目标在当前模型下的重要性。

在双目标 Pareto 曲线上有 3 个关键点，即 ω_1 为 0、0.5、1，如图 3-2 所示。当 $\omega_1 = 0$ 时，不考虑 f_1，最优解由 f_2 决定；当 $\omega_1 = 1$ 时，不考虑 f_2，最优解由 f_1 决定；当 $\omega_1 = 0.5$ 时，两者等权重考虑。

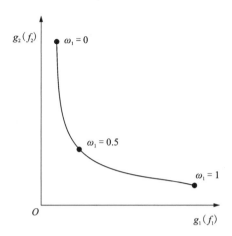

图 3-2　Pareto 曲线上 3 个关键点

3.1.2　多目标进化算法

多目标分析的目的是搜寻可行的参数空间并找出其 Pareto 最优解集，国内外学者提出了多种算法，其中多目标进化算法研究得最早、应用最广泛。

实现与 Pareto 最优联系的人是 Goldberg，他提出使用非劣最优排序和选择机制使种群向 Pareto 前沿移动，还建议通过小生境技术防止收敛到单个解。

Vrugt 认为用单一的进化算法不能高效解决各式各样的优化问题。于是他结合了多算法同步搜索和自适应后代生成，提出了一种能够快速、可靠计算多目标优化问题的算法——AMALGAM。

AMALGAM 最大的特色就是多算法同步搜索，经过试验最终确定采用了四种目前常用的算法，即 NSGA-Ⅱ、PSO、AMS 和 DE。为了让多算法能够同步搜索，每代进化过程中，让四种算法按权重各自分配一定数量父代并生产子代。为了提高 AMALGAM 的运行效率，每种算法的权数按照上代繁殖成功率确定，且每种算法的最小权数设为"5"以避免算法不参与运算的现象发生。为了防止优势结果丢失，AMALGAM 让父代与子代一起按快速非劣排序法（FNS）排列，取与父代相同数量的样本作为新生代群体。反复如此迭代直至收敛至最大群体个数。

以上优点使得 AMALGAM 在减少了收敛所需的迭代次数的同时，保证了结果的准确性，能够高效准确地得到所要的 Pareto 最优解，应用于计算过程复杂、种群数量众多、求解耗时较长的项目有着极大的优势。

3.1.3　多目标反分析实现

反分析过程中，目标函数中需要用计算值与测量值做比较，它们的计算值需要借助有限元数值模拟。有限元准确计算是整个反分析不可或缺的一部分。由于土体计算涉及大量非线性计算，采用非线性计算能力强大的通用有限元软件运行。商用有限元提供了丰富的分析过程和多种本构关系及失效准则模型，可以根据不同的目的，选择不同方式来模拟实际工程。它还提供了二次开发的接口，这样有利于与其他程序或软件相结合。

综合以上因素，决定以 AMALGAM 作为主体反分析算法，内部调用商用有限元计算数值结果，达到最大样本数时程序终止。

▶ 3.2 隧道施工对环境影响的数值模拟分析

由于 V 级围岩属于性质较弱的围岩，施工方法最复杂，极易造成失稳甚至坍塌，所以需要采用数值方法对隧道开挖的稳定性进行评估。本小节通过铜鼓至万载高速公路工程中的狮子垴隧道段，利用 Midas/GTS 建立的三维模型对隧道施工过程进行数值模拟，通过对围岩以及支护结构收敛性、地表沉降、锚杆受力等数据进行分析，得到了最优的开挖方式；最后将数值模拟计算结果同实测数据结果进行对比，分析数值模型以及参数选取的准确性，并对隧道支护状态进行评价，为开挖后的设计与施工提供指导性依据。

3.2.1 Midas/GTS 简介

Midas/GTS 软件主要是针对岩土方向的研究而开发的有限元软件。这款软件界面十分简洁，具有很好的交互性、友好性，前处理器在岩土方面具有众多的模块，能够满足隧道的快速建模，让技术人员更加直接地研究现场工程环境，且如果技术人员有较强的专业能力，计算结果会相对准确。

GTS 是迈达斯软件的一个模块，这个模块中的施工阶段助手能够快速地对施工阶段进行定义，并可以对每个施工阶段进行分析。该模块还能够进行应力应变分析和渗透分析，包含了几乎所有岩土和隧道所需要的功能。

Midas/GTS 一般的操作流程为：建立几何模型→划分网格→设定分析条件→分析计算→查看结果。

本节中的模型建立首先是结合了现场实际环境，确定各个构筑物的结构尺寸，经检查确定无差别后再在 Midas 中绘制三维模型；然后给各个土层分配相应的属性，经过网格划分后，进行边界条件的设定，地表为自由面，其他面设定为固定点；再设置各阶段的施工步骤；在定义施工阶段时主要根据现场的施工步骤进行定义，最终定义各个步骤使其能够贴合现场的施工和而后的分析；最后经过计算分析可以得出每个施工步骤的沉降云图。

1. Midas/GTS 中的本构模型

（1）Tresca 模型

Tresca 模型一般用于模拟金属材料的屈服，在岩土工程中，多用于模拟不排水岩土材料的力学行为。这个模型的缺点是没有考虑屈服面上静水压力的作用，对于土体材料来说，第一，剪切强度与静水压（或侧限应力）无关的假设是与一般土的行为不符的；第二，在准则中抗压与抗拉两个强度是一样的，但是在实际试验后，通过分析结果可知，抗压显然会大于抗拉强度，有时甚至忽略抗拉强度。

（2）von Mises 模型

von Mises 模型主要用于定义与钢材相同的延性材料行为，不仅适用于岩土单元，而且适用于植入式桁架及管状单元，另外也可用于模拟钢材制作的锚杆、土钉及钢管桩等。与

Tresca 模型类似，在用于土质材料时，von Mises 并未考虑静水压的影响，且其抗压和抗拉屈服应力相同。但是，与 Tresca 模型一样，von Mises 模型可以恰当地表示不排水条件下饱和土的特性。相对于 Tresca 模型，该模型避免了 Tresca 模型在屈服面六边形角点上的数学和数值分析的复杂性。

（3）Hoek Brown 模型

岩土材料可以分为岩石和土两大类。岩石的刚度大于土的刚度，强度特性取决于风化程度。岩石的行为特性是基于应力引起的刚度变化程度来区分的。特别的，岩石的剪应力和拉应力对整体行为特性的影响是远大于土的。Hoek 和 Brown（1980 年）为了解释节理岩体破坏时出现的应力减小现象，提出了使用等效连续体的概念，给出了区分完整岩石和破碎岩石的屈服函数，并且如果通过函数定义了岩石的破坏，其中的特定参数会变小来模拟应力减小的现象。该模型既可以定义现有 Mohr-Coulomb 模型中不能考虑的岩石单轴压缩强度，又能更准确和更简便地反映岩石力学行为的优点。因此，直至今日其还被经常用于岩石的分析。岩石的抗剪强度可以用 Mohr-Coulomb 破坏准则来表示。在某一应力范围内，Hoek-Brown 强度参数可用于预测 Mohr-Coulomb 模型的黏聚力和内摩擦角。

（4）Jardine 模型

Jardine 模型适合在小应变状态下发生非线性行为的岩土材料。侧限应力范围小时，为模拟与黏土材料一样的非线性行为，Jardine（1984）提出了这种非线性弹性模型来模拟黏土等侧限应力范围很小并且模型在材料上的应力大于输入的剪切应力时表现出完全塑性行为的非线性材料。

（5）D-min 模型

日本电力中央研究所 Hayashi 和 Hibino 提出了适用于普通岩石（硬岩、软岩等）的区间线性模型 D-min 模型。该模型对应的各施工阶段的刚度不同，但在同一个施工阶段内刚度是固定值，即这个模型的材料特性值在各荷载阶段是固定的。该模型各施工阶段的刚度是不同的，但在同一施工阶段刚度是相同的。假设莫尔圆接近破坏包络线时，由于岩土内部结合状态的松弛引起弹性模量减小及泊松比增大，因此弹性模量和泊松比是由莫尔圆和破坏包络线的相对距离决定的。

（6）修正摩尔-库仑模型

修正摩尔-库仑模型是摩尔-库仑模型的改进版本，修正摩尔-库仑是由非线性的弹性体模型和弹性模型相互组合而成的，在具有淤泥质和沙土的地质环境中较为适用。修正摩尔-库仑模型的特性中还包括不受剪切破坏以及压缩屈服的双硬化。

2. Midas/GTS 在岩土工程中的应用

帅红岩等人以某工程中遇到的边坡稳定性问题，根据现场遇到的情况结合场地边坡工程地质条件及地方经验确定了模拟的模型，在迈达斯中使用边坡稳定性分析单元，得出相关结论，他们认为所模拟的工程实例中的边坡不稳定性发生在角砾黏土层，这个断面会发生滑移，还有可能会发生剪应力破坏。另外他们还得出，利用此方法在分析边坡稳定性的情况时是不需要预先假定何处会发生滑移的，也不需要假定滑移会是一个怎么样的断面。这样的模型可以满足力的平衡方程，还可以满足土的应力、应变，还能进一步考虑到土的非线性关系。最终得出，这种模型适用于有着复杂边界条件的环境，而且能够同时模拟出边坡岩石和支撑挡墙防护共同作用时的结果。

李方成等依托武汉名都地铁站的深基坑工程,以及设计勘察提供的相关资料,用迈达斯进行三维模拟实验,其中土层采用摩尔-库仑模型,使用施工阶段助手对施工各个工序进行模拟,对得出的基坑维护结构的变形情况进行分析,研究基坑的稳定性,并得出相关的结论,认为施工工序对基坑的稳定性影响非常大,所以他认为在基坑工程的施工过程中设置合理的施工工序对于基坑的稳定性非常重要,为以后武汉的深基坑施工提供了一定的依据。他还得出基坑的开挖稳定性是具有时间效应的,开挖暴露的时间越长则稳定性越差,所以在施工过程中,要注意开挖后应立刻进行支护,严格按照施工方案中的要求进行开挖,严禁超挖。

3.2.2 狮子垴二号隧道施工数值分析

1.工程概况

狮子垴二号隧道位于宜丰县内芳溪镇与车上林场交界处,进口处位于车上林场窑坑村长胜河右侧沟谷中,交通不便;出口处位于芳溪镇香源村大丰水库库尾沟谷附近,乡村小路与隧址区相通,交通较为便利。

隧址区属中亚热带湿润季风气候,四季分明,气候温和,湿润多雨。多年平均气温17.1 ℃,雨量充沛,据宜春市气象台资料,多年平均降雨量1711.6 mm,最大降雨量2333 mm。从时间上看有两个特点:一是年际变化大,具起伏;二是年内降雨分配不均,3—6月为雨季,占全年降雨量的54%,9—次年1月为枯水期,空间上表现为中部西段雨量较丰富,向东北南递减的特点。

隧址区属低山地貌,山体程近北东向展布,地形起伏较大。隧道沿轴线地面高程在138.86~333.58 m变化,相对高差约194.72 m。拟建隧道位于扬子准地台西南部,与华南褶皱系交接的萍乡至乐平近东西向拗陷带的西北缘,从大区域来看,这一带构造面貌复杂,褶皱、断裂构造颇为发育,地层褶曲明显,构造线迹总体呈北东、北北东向,局部被西北向断裂构造切割。

2.有限元模型和参数

采用迈达斯GTS-NX有限元软件和摩尔-库仑屈服准则对狮子垴隧道段进行三维数值模拟。模型水平方向长90 m,埋深30 m,拱底距底部50 m,此时左右两侧大于3倍的洞径,底部大于4倍的洞径,根据圣维南原理,可以避免边界效应的影响。按三维问题进行分析,模型总计划分25999个单元,节点数21708个,模型中围岩采用3D实体单元,锚杆采用1D-beam单元,模型中初衬采用2D-shell单元。模型两侧采用水平约束,底边采用竖直方向约束。整体、锚杆、初衬、二衬的有限元模型如图3-3所示。

根据现场的地质条件和参考《公路隧道设计规范》(JTG D70—2004),选取Ⅴ级围岩计算参数,并根据《混凝土结构设计规范》选取相应混凝土C25和C30的参数。

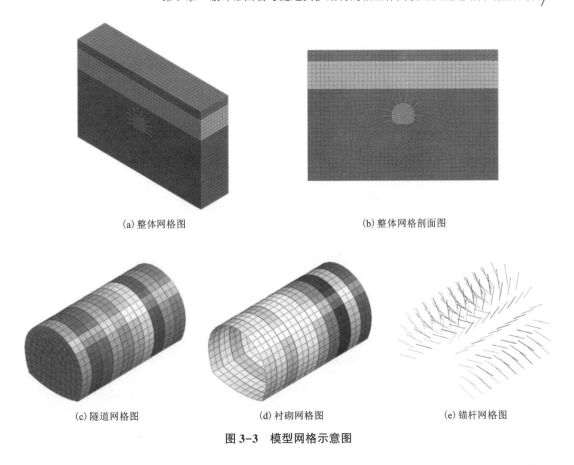

　　(a) 整体网格图　　　　　　　　　　　　(b) 整体网格剖面图

　　(c) 隧道网格图　　　　　(d) 衬砌网格图　　　　　(e) 锚杆网格图

图 3-3　模型网格示意图

3. 数值模拟施工步骤

目前大多数工程针对大断面的开挖方法有 CD 法、CRD 法、双侧壁导坑法、全断面法等。本节采用全断面施工方法进行数值模拟，模拟过程如下：

第 1 步：对模型整体施加应力场以及边界条件，见图 3-4。

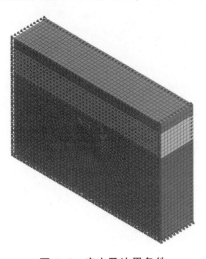

图 3-4　应力及边界条件

第 2 步：平衡地基中的应力，使其达到地应力平衡状态。

第 3 步：开挖隧道内部的土体，对于隧道内第 1 环的单元进行移除，然后进行计算，见图 3-5。

第 4 步：将第 1 环隧道周围的锚杆激活，使其参与计算，见图 3-6。

第 5 步：移除第 2 环的隧道土体，激活第 2 环的锚杆并且激活第 1 环处隧道周围的衬砌，见图 3-7。

第 6 步：重复第 3 步至第 5 步直到隧道全部挖穿。

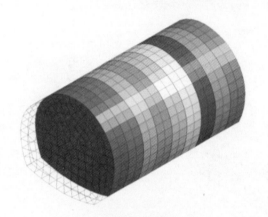 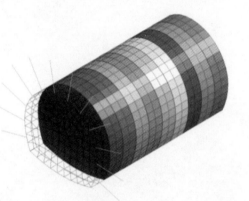

图 3-5 开挖隧道第 1 环   图 3-6 隧道第 1 环安装锚杆

图 3-7 隧道第 1 环安装喷混

4. 数值模拟计算结果

施工过程中的位移变化如图 3-8 所示，图 3-8 给出了重力作用下的地应力平衡、第 1 步开挖完、第 5 步开挖完、全部开挖完时对应的位移云图。

从图 3-8 可以清楚地看到围岩位移变化的过程，第 1 步是重力作用下围岩的地应力平衡结果，图 3-8(a)显示所有的竖向位移清零。在开挖完第 1 环隧道后，隧道周围的围岩发生变形，对于隧道底部的围岩，主要是发生向上的隆起变形，变形量最大达到 19 mm；

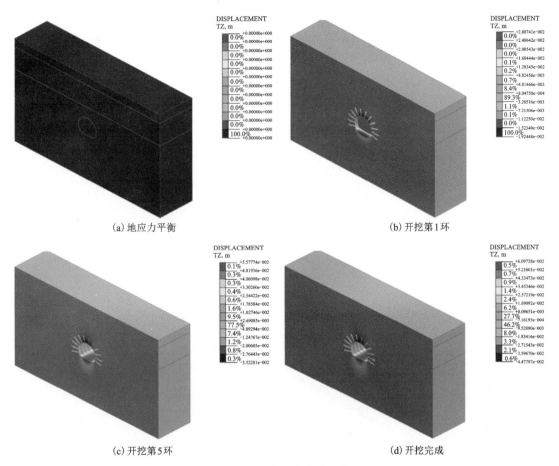

(a) 地应力平衡　　　　　　　　　　　　　　　(b) 开挖第1环

(c) 开挖第5环　　　　　　　　　　　　　　　(d) 开挖完成

图 3-8　围岩竖向位移云图

而隧道上部围岩则发生向下的沉降变形，变形量最大达到 28.8 mm。从图 3-8(d) 中全部开挖完水平方向的位移云图可以看出，全部开挖完后，水平方向最大位移只有 7 mm，所以前面只是详细分析了拱顶的沉降和拱底的隆起规律，水平方向上由于位移的变化量值比较小，所以认为横向是收敛的，不再做过多的分析。

如图 3-9 所示为安装完第 1 环、第 5 环和第 10 环后锚杆的轴向应力变化情况。

从图 3-9 可以看出，左右两侧的锚杆轴向应力最大值都出现在靠近拱顶处，最大轴向应力为 4000 kPa，最大值出现在拱顶处，这主要是因为隧道开挖后，拱顶的位移变化最大，此次容易发生应力集中的现象。为了保证开挖的稳定，在隧道拱顶处的锚杆所受的应力最大。后期由于隧道的衬砌为喷射混凝土，使隧道的拱顶围岩具有很好的整体性能，有效地抑制了拱顶围岩的竖直位移，而且锚杆轴力的变化沿其辐射方向逐渐减小。另外，在隧道底板接触的位置锚杆的轴向应力值很大，是由此处容易发生应力集中的原因所造成的。

如图 3-10 所示为隧道开挖过程中混凝土衬砌的应力云图。

在开挖完第 1 环岩体并进行锚杆支护后，在第 1 环的位置建设衬砌层。从第 1 环衬砌的云图可以看出，最大应力出现在隧道拱底的两端。当开挖完第 5 环后，隧道的应力云

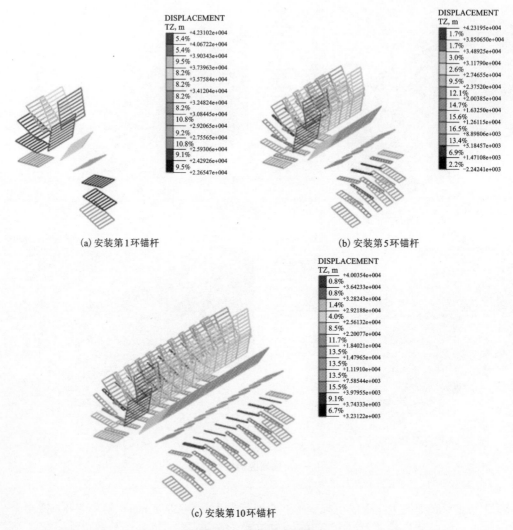

(a) 安装第1环锚杆

(b) 安装第5环锚杆

(c) 安装第10环锚杆

图 3-9　锚杆应力云图

图如图 3-10(b)所示，最大应力依然出现在隧道拱底的两端，这主要是因为此处隧道的形状发生变化，周围岩体在角效应的影响下发生应力集中。当隧道全部挖完后，最大应力依然位于隧道拱底的两端，但是隧道两侧的应力有明显的增加，这表明此时的衬砌结构形成了一个整体，在拱效应的作用下，整体承担了围岩的荷载。

图 3-11 为隧道开挖过程中，隧道顶部围岩的竖向变形曲线。其中，横坐标代表顶部围岩的长度，其位置与隧道垂直；纵坐标为隧道的竖向位移，正值代表隆起，负值代表沉降。

从图 3-11 中可以看出，当隧道开挖第 1 环时，隧道底部岩体表现出整体隆起的趋势，整体变形呈现钟形形态。变形最大值同样位于隧道中轴线位置。随着开挖的进行，隧道顶部的隆起量逐渐增大，最大隆起值由开挖第 1 环时的 3.8 mm 增大到 12 mm，最后达到最大值 16 mm。

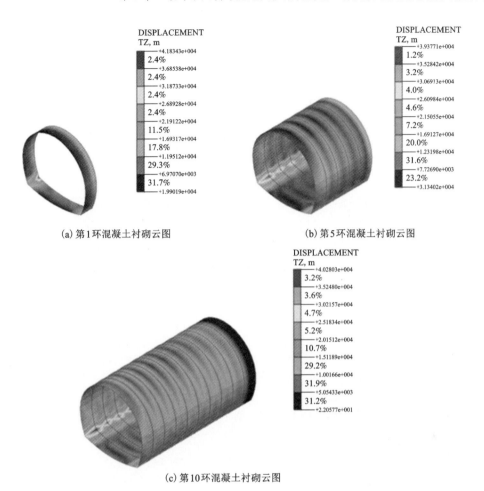

(a) 第1环混凝土衬砌云图　　　　　　　(b) 第5环混凝土衬砌云图

(c) 第10环混凝土衬砌云图

图 3-10　混凝土衬砌应力云图

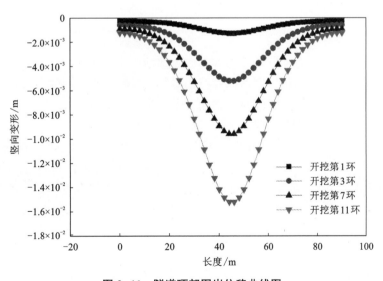

图 3-11　隧道顶部围岩位移曲线图

图 3-12 为隧道开挖过程中隧道底部附近围岩的竖向变形曲线。其中，横坐标代表底部围岩的长度，其位置与隧道垂直；纵坐标为隧道的竖向位移，正值代表隆起，负值代表沉降。

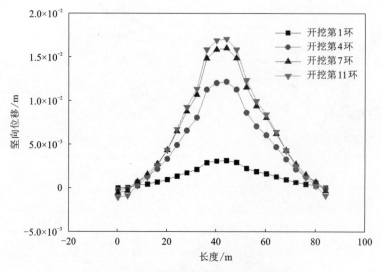

图 3-12　隧道底部围岩竖向位移曲线图

从图 3-12 中可以看出，当隧道开挖第 1 环时，隧道底部岩体表现出整体隆起的趋势，整体变形呈现钟形形态。变形最大值同样位于隧道中轴线位置。随着开挖的进行，隧道底部的隆起量逐渐增大，最大隆起值由开挖第 1 环时的 3.8 mm 增大到 12 mm，最后达到最大值 16 mm。

3.2.3　狮子垴一号隧道施工数值模拟

1. 工程概况

狮子垴一号隧道位于宜丰县车上林场窑坑村附近，隧址区内有一条乡间土路与省道8227 连接，交通不便。隧道以近南北向穿过山脊，进口桩号 K31+873，出口桩号 K32+175，全长 301.1 m，属短隧道。最大埋深 97.8 m。洞净高 5 m，洞净宽 10.25 m。洞底设计高程126.99~128.46 m。设计纵坡 3%~2.8%。轴线方位角 116°~172°。

隧址区属低山地貌，山体呈南北向展布，地形起伏较大，隧道沿轴线地面高程在123.56~225.09 m 变化，相对高差约 101.53 m。隧道进口坡面有一冲沟，冲沟横断面呈"U"字形，沟底宽约 8 m。勘察期间，沟中未见流水，坡面植被茂密，多以杉木、竹林及灌木为主，基岩露头较差，自然坡度变化较大，一般较平缓的为 25°左右。

拟建隧道位于扬子准地台西南部，与华南褶皱系交接的萍乡至乐平近东西向拗陷带的西北缘。从大区域来看，这一带构造面貌复杂，褶皱、断裂构造颇为发育，地层褶曲明显，构造线迹总体呈北东、北北东向，局部被北西向断裂构造切割，拟建隧道位置构造不发育。

2. 有限元模型和参数

采用迈达斯 GTS-NX 有限元软件和摩尔-库仑屈服准则对狮子垴隧道段进行三维数值模拟。模型水平方向长 113 m，竖直方向长 60 m，埋深 22.5 m，此时左右两侧大于 3 倍的洞径，底部大于 4 倍的洞径，根据圣维南原理，可以避免边界效应的影响。按三维问题进行分析，模型总计划分单元 38104 个，节点数 293808 个，模型中围岩采用 3D 实体单元，锚杆采用 1D-beam 单元，模型中初衬采用 2D-shell 单元。模型两侧采用水平约束，底边采用竖直方向约束。具体有限元网格图如图 3-13 所示。

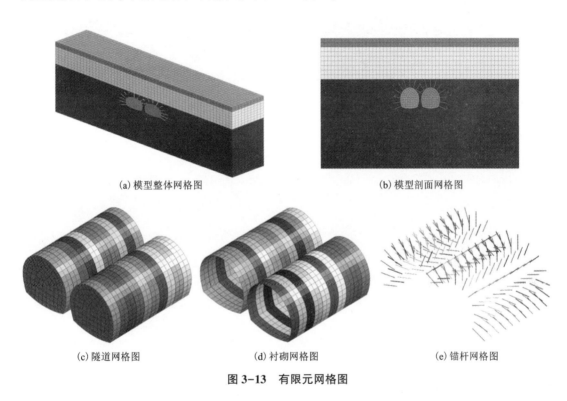

(a) 模型整体网格图　　　　　　　　　　　　　　(b) 模型剖面网格图

(c) 隧道网格图　　　　　　　(d) 衬砌网格图　　　　　　　(e) 锚杆网格图

图 3-13　有限元网格图

3. 数值模拟施工步骤

本节采用了全断面施工方法进行数值模拟，模拟过程如下：

第 1 步：对模型整体施加应力场以及边界条件，见图 3-14。

第 2 步：平衡地基中的应力，达到地应力平衡状态。

第 3 步：开挖隧道内部的土体，对于隧道内第 1 环的单元进行移除，然后进行计算，见图 3-15。

第 4 步：将第 1 环隧道周围的锚杆激活，使其参与计算，见图 3-16。

第 5 步：移除第 2 环的隧道土体，激活第 2 环的锚杆并且激活第 1 环处隧道周围的衬砌，见图 3-17。

第 6 步：重复第 3 步至第 5 步直到隧道全部挖穿。

图 3-14　边界条件及初始应力场

图 3-15　隧道开挖第 1 环

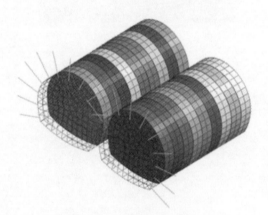

图 3-16　施工第 1 环锚杆

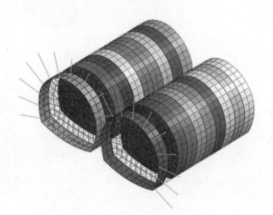

图 3-17　施工第 1 环衬砌

4. 数值模拟计算结果

图 3-18 为狮子垴一号隧道地应力平衡图，图 3-19 为狮子垴一号隧道开挖过程中围岩的竖向变形云图。

图 3-18 为施加重力以及边界条件后，地应力平衡时的云图。图中显示，此时的模型整体位移为零。图 3-19(a)为开挖第 1 环并施加锚杆后模型整体的竖向位移云图。从图中可以看出，在隧道的拱顶处，岩土体发生下沉，沉降最大值达到 20 mm 在隧道的拱顶处发生隆起，隆起量最大值达到 29.5 mm。随着开挖的进一步进行，隧道底部处的隆起量增大，同时，隧道底部处的隆起量也增大。

图 3-19(c)为隧道开挖完成时的竖向位移云图。从图中可以看出，隧道上方的土体整体发生沉降，沉降趋势逐渐向上影响到地表，导致岩体表面发生沉降。而隧道拱底此时的隆起也达到最大，最大值为 57 mm。

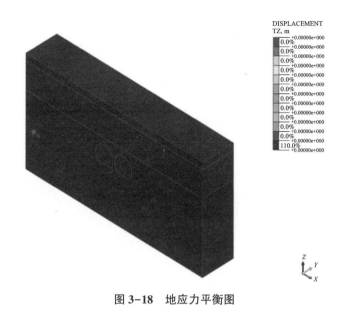

DISPLACEMENT
TZ, m

图 3-18　地应力平衡图

图 3-20 为隧道开挖过程中锚杆的轴向应力云图。其中，图 3-20(a) 为第 1 环隧道开挖完成，进行锚杆施工后其轴向应力云图；图 3-20(c) 为隧道开挖完成时，隧道周围的锚杆应力云图。

从图 3-20(a) 中可以看出，最大应力的锚杆出现在隧道拱顶中心的位置处，而隧道两侧的锚杆应力相对略小，最小的应力出现在两个隧道之间的位置处。如图 3-20(b) 所示，当隧道开挖到第 5 环时，隧道周围的锚杆受力状况基本和开挖第 1 环时相似，即在隧道拱顶处的应力较大，而隧道两侧的应力较小。从图 3-20(c) 中可以看出，随着隧道的开挖，作用在锚杆上的应力逐渐在减小，最大应力发生在第 1 环处的锚杆上，而隧道两侧的锚杆受力则相对较小。造成这种现象的原因主要是随着隧道锚杆依次安装，隧道周围的围岩与锚杆耦合在一起，起到了更好的受力作用，分散了单根锚杆的受力，因此使得围岩整体更牢固，很好地保证了隧道施工的安全性。

图 3-21 为隧道开挖过程中混凝土衬砌的应力云图。

混凝土衬砌是在开挖完第 1 环岩体并进行锚杆支护后，在第 1 环的位置建设衬砌层。从第 1 环衬砌的云图中可以看出，最大应力出现在隧道拱底的两端。此时，混凝土衬砌受到的围岩压力主要集中在拱底两侧的角点处。而拱顶位置处的应力相对较小。当开挖完第 5 环后，隧道的应力云图如图 3-21(b) 所示，最大应力依然出现在隧道拱底的两端，这主要是因为此处隧道的形状发生变化，周围岩体在角效应的影响下发生应力集中。当隧道全部挖完后，最大应力依然位于隧道拱底两侧的角点处，但是在隧道之间的角点处的应力要大于隧道外侧角点处的应力。造成这种现象的主要原因是隧道之间的间距较小，隧道开挖后所产生的应力在这一区域发生集中。对于隧道拱顶的应力则整体变大了，整个混凝土衬砌上的应力变得比较均匀，这表明此时的衬砌结构形成了一个整体，在拱效应的作用下，整体承担了围岩的荷载。此时，隧道施工过程相对比较安全。

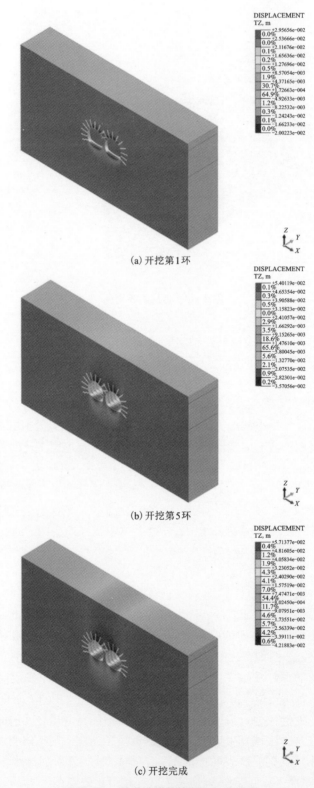

(a) 开挖第1环

(b) 开挖第5环

(c) 开挖完成

图 3-19　隧道模型整体竖向位移云图

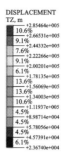

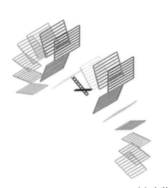

(a) 安装第1环锚杆

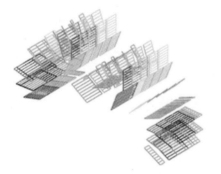

(b) 安装第5环锚杆

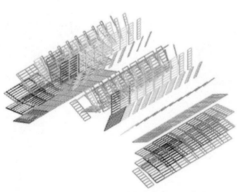

(c) 安装第10环锚杆

图 3-20　狮子垴一号隧道锚杆应力云图

(a) 施工第1环

(b) 施工第5环

(c) 施工完成

图 3-21　衬砌应力云图

图 3-22 为隧道开挖支护完成后地表竖向位移曲线，其中选取了 4 个工况进行对比分析，分别是开挖第 1 环、开挖第 4 环、开挖第 8 环以及全部开挖完成。

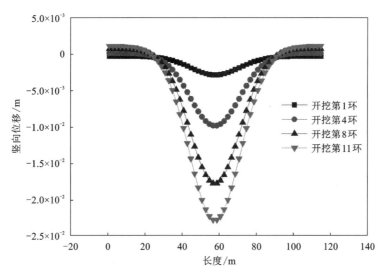

图 3-22　隧道顶部岩土体表面竖向位移

由图 3-22 可知，模型两端对应地表的沉降量比地表中间的沉降量小，总体上沉降最大值出现在隧道中轴线的位置。而且随着开挖的进行，最大沉降量一直在增大，当开挖完第 1 环时，最大沉降量达到 2.5 mm；开挖第 4 环后，最大沉降量增大到 10 mm；当隧道全部开挖完后，最大沉降量达到了 24 mm。隧道顶部地表的沉降曲线呈现倒钟形形态。

图 3-23 为隧道拱顶处围岩的竖向变形曲线，其中选取了 4 个工况进行对比分析，分别是开挖第 1 环、开挖第 4 环、开挖第 8 环以及全部开挖完成。

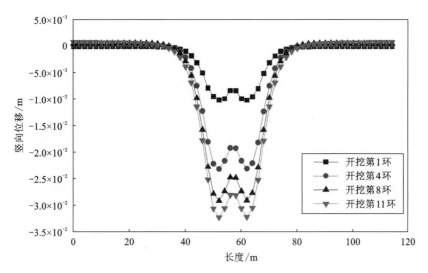

图 3-23　隧道拱顶岩体竖向位移

由图 3-23 可知，在隧道开挖过程中，拱顶处围岩发生向下的沉降变形。不同于地表的沉降曲线，由于受到隧道开挖的影响，此时的沉降曲线出现了两个峰值，分别对应两个隧道的轴线。从开挖第 1 环开始，隧道拱顶处围岩的沉降量达到 10 mm，且随着开挖的进行，沉降量在增加。当开挖结束时，沉降量最大值达到 34 mm，而且曲线形态一直与第 1 环时保持一致。

图 3-24 为隧道开挖过程中隧道拱底围岩的竖向变形曲线，其中选取了 4 个工况进行对比分析，分别是开挖第 1 环、开挖第 4 环、开挖第 7 环以及全部开挖完成。

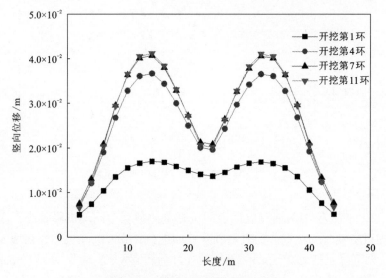

图 3-24　隧道拱底岩体竖向位移

由图 3-24 可知，在开挖完第 1 环时，隧道拱底围岩发生向上隆起，隆起量达到 16 mm。造成隧道底部围岩隆起的原因主要是隧道内开挖的卸荷作用，使得底部围岩发生回弹。当开挖完第 4 环时，隧道底部围岩继续发生隆起，隆起量最大值达到了 36 mm，最大值位于隧道轴线处。当隧道开挖完成时，隆起量达到了 41 mm。不同于隧道拱顶围岩的变形，隧道底部围岩在前 4 环开挖完成时竖向位移就接近到了最大值。这说明对于隧道底部围岩，卸荷的影响主要在前期，而开挖后期的影响相对较小。

▶ 3.3　隧道施工监控量测分析

3.3.1　隧道工程概况

狮子垴二号隧道位于宜丰县内芳溪镇与车上林场交界处，进口处位于车上林场窑坑村长胜河右侧沟谷中，交通不便；出口处位于芳溪镇香源村大丰水库库尾沟谷附近，乡村小路与隧址区相通，交通较为便利。隧道为分离式长隧道，隧道右线起讫桩号为 K33+185～K34+730，全长 1545 m。隧道右线位于直线以及半径 R 为 1860 m 的右偏圆线上，路线纵坡为 1.4%～-0.9%，隧道最大埋深 197.5 m。隧道左线起讫桩号为 ZK33+155～ZK34+

735，全长为 1580 m。隧道左线位于半径 R 为 1908 m 的右偏圆线上，路线纵坡为 1.398%~0.9%，隧道最大埋深 180 m。

由于隧道复杂的地质条件和勘察手段的局限性，设计阶段采用的围岩分级与施工实际揭露的围岩级别可能存在较大差别，往往造成设计的过度支护或支护不足，从而导致浪费或不安全。狮子垴二号隧道左线 ZK34+070~ZK34+180、右线 K34+120~K34+280 受断层影响，岩体破碎，稳定性差，围岩中有线状或股状流水，围岩为五级，可能出现突水和突泥现象。因此，结合超前地质预报和现场勘察，对狮子垴二号隧道破碎带附近的工程地质和水文地质特性进行分析，研究破碎带的产状、宽度、含泥量、导水性及断层两侧地层的岩性、岩体质量等基本特征，评价破碎带对围岩稳定性的影响，并据此制订适当的支护措施和施工方法。

选择具有代表性的破碎围岩断面(K34+180)，在施工过程中埋置各类传感器，进行围岩深部位移、围岩压力和型钢应力的现场监控量测，研究围岩变形的时空效应特征。通过现场监控量测及时掌握围岩和支护的动态信息，调整和修正施工工艺、开挖进尺、支护参数等，从而确保围岩稳定和施工安全。

3.3.2 隧道工程地质条件

1. 地层岩性

根据区域地质资料、地质测绘，场地出露的地层有第四系全新统残坡积层(Q_4^{el+dl})粉质黏土，下伏基岩为元古界双桥山群宜丰组(Ptshly)二云石英片岩，现由新至老分述如下：

①第四系全新统残坡积层粉质黏土(Q_4^{el+dl})：灰褐色，土质较均，含少量碎石、角砾；稍湿，可塑。

②元古界双桥山群宜丰组(Ptshly)二云石英片岩：青灰色，鳞片粒状变晶结构，片状构造，节理裂隙较发育，岩体较完整，分布于整个隧址区；按风化程度可分为全、强与中风化三层。

2. 地震地质构造

(1)地质构造

拟建隧道位于扬子准地台西南部，与华南褶皱系交接的萍乡至乐平近东西向拗陷带的西北缘。从大区域来看，这一带构造面貌复杂，褶皱、断裂构造颇为发育，地层褶曲明显，构造线迹总体呈北东、北北东向，局部被北西向断裂构造切割。

经 1:2000 工程地质调绘及物探高密度电法解疑成果，隧址区内发育一处低阻区，推测为断层，该断层与隧道约 50° 相交于里程桩号 K34+200 附近，产状 305°<280° 走向北东，断层带内岩体破碎，透水性好，断层影响破碎带宽约 40 m。

岩层产状近似直立，进口处岩层产状为 150°<270°，主要发育有三组节理裂隙：①245°<30°(线密度 8 条/m，裂面几乎垂直，无充填)；②260<45°(裂隙发育较密集，线密度 15~20 条/m，无充填或有少量泥质充填)；③255°<270°(线密度 8~12 条/m，裂隙间无充填，结合一般)。

出口处岩层产状为 170°<65°，主要发育有两组节理裂隙：①305°<40°(线密度

4 条/m，无充填，结合一般）；②20°<82°（线密度 2~3 条/m，无充填或有少量泥质充填，结合一般）。

（2）地震

根据《公路工程抗震规范》（JTG B02—2013），江西省建设厅、省地震局《江西省地震动参数区划工作用图》（2003.1），地震动峰值加速度为 0.05 g，地震基本烈度值为Ⅵ，地震反应谱特征周期值为 0.35 s。

3.水文地质条件

（1）地表水

隧址区内地表水主要为山涧沟谷中因大气降水汇集而成的暂时性流水及小径流常年流水，隧道进口端发育一条无名河流，位于里程桩号 K33+120 处，距离隧道进口约 75 m，勘察期间，溪流宽约 1.5 m，深 0.5~1.0 m，汇入长胜河，属常年性河流；出口端为一山间溪流，流量较小，常年径流，受季节调控影响明显，雨季流量较大，隧道经过路段无大中型水库和河流。

（2）地下水

测区地下水主要为第四系松散岩类孔隙潜水及基岩裂隙水。

第四系松散岩类孔隙潜水：

松散岩类孔隙水主要赋存于河谷地带砂卵石层中，其上为黏土，粉质黏土、粉土基本都开垦为农田。地下水位的补给一般通过大气降水和地表水体。基岩裂隙水补给与地表水体有较强的水力联系。孔隙水丰富，单井涌水量达 1644.41 t/d，砂砾石含水层厚 3.00~5.00 m。由于砂卵石渗透性能较强，分布宽度又小，其孔隙水径流条件好，渗透途径短，地下水得到补给后，经短时间的水平运动便排出地表。孔隙水的排泄场所为河流，其流向大致垂直于河床。

基岩裂隙水：

基岩裂隙水主要属于构造裂隙水，含水岩层为元古界双桥山群变质岩及加里东浅成侵入岩。根据水文资料，本区构造裂隙水水量较丰富，低山区地形起伏较大，沟谷割切较深，造成了基岩裂隙水接受降水补给后就近排泄的强烈循环条件。裂隙水径流不远便以片流式或管流式排泄于沟谷等低洼地段，勘察期间地下水位为 0.5~14.6 m。

3.3.3 监测说明

1.监测点编号原则

①钢拱架应变监测点：GGJ+测点编号，编号顺时针依次增大，依次为左边墙、左拱腰、拱顶、右拱腰、右边墙，测点编号分别为 GGJ1~GGJ5。

②围岩压力监测点：WYL+测点编号，编号顺时针依次增大，依次为左边墙、左拱腰、拱顶、右拱腰、右边墙，测点编号分别为 WYL1~WYL5。

③混凝土应变监测点：CHN+测点编号，编号顺时针依次增大，依次为左边墙、左拱腰、拱顶、右拱腰、右边墙，测点编号分别为 CHN1~CHN5。

④围岩内部位移观测点：DDJ+测点编号，编号顺时针依次增大，依次为左边墙、左拱

腰、拱顶、右拱腰、右边墙，每处布置 3 个单点位移计，测点编号分别为 DDJ1～DDJ15。

2. 首次观测时间

本项目中各类监测项目及首次观测时间见表 3-1。

表 3-1　监测项目首次观测时间汇总表

监测项目	监测仪器	首测时间
钢拱架应变	钢筋应变计	2015/12/29
围岩压力	土压力盒	2015/12/30
混凝土应变	混凝土应变计	2015/12/30
围岩内部位移	单点位移计	2015/12/20

3. 传感器安装埋设图

图 3-25、图 3-26 为传感器现场安装实况。

图 3-25　隧道拱底岩体竖向位移　　　　图 3-26　隧道拱底岩体竖向位移

3.3.4　监测点的布设

选择具有代表性的破碎围岩断面（K34+180），在施工过程中埋置各类传感器，进行钢拱架应变、围岩压力、混凝土应变和围岩内部位移的现场监控量测，研究围岩变形的时空效应特征。通过现场监控量测及时掌握围岩和支护的动态信息。

监测传感器依次布设在隧道的左边墙、左拱腰、拱顶、右拱腰、右边墙，并均布置在同一断面上。围岩内部位移采用单点位移计，同一位置布设 3 个单点位移计传感器，各传感器埋设位置如表 3-2 所示。钢拱架应变、围岩压力、混凝土应变和围岩内部位移监测点布置图如图 3-27～图 3-29 所示。

表 3-2　围岩内部位移监测点埋设深度一览表

测点编号	DDJ1	DDJ2	DDJ3	DDJ4	DDJ5	DDJ6
埋深/m	1	3	4.5	1	3	3
测点编号	DDJ7	DDJ8	DDJ9	DDJ10	DDJ11	DDJ12
埋深/m	1	3	3.5	1	3	3.5
测点编号	DDJ13	DDJ14	DDJ15			
埋深/m	1	3	5			

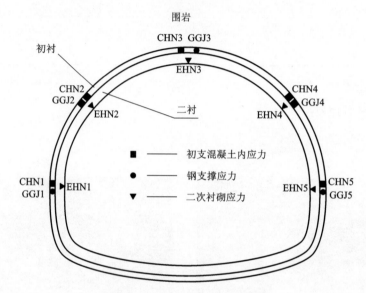

图 3-27　钢拱架应力测点布置图

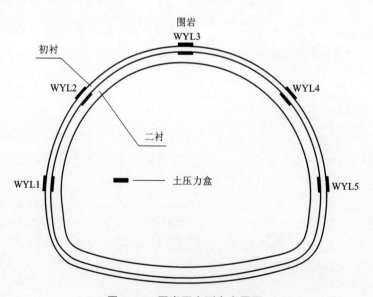

图 3-28　围岩压力测点布置图

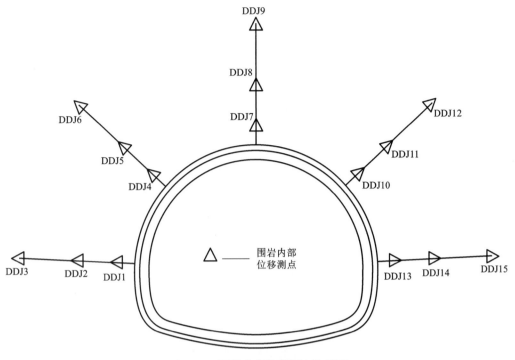

图 3-29　围岩内部位移测点布置图

3.3.5　监测结果与分析

1. 钢拱架应变监测数据分析

在监测断面 K34+180 布设了 5 个钢筋应变计，分别布设在左边墙、左拱腰、拱顶、右拱腰、右边墙，对应监测点编号分别为 GGJ1、GGJ2、GGJ3、GGJ4、GGJ5，各测点钢拱架应变随时间变化曲线如图 3-30 所示，各测点钢拱架应变实测值详见表 3-3。

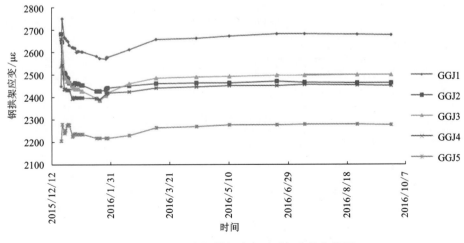

图 3-30　各测点钢拱架应变随时间变化曲线图

表 3-3　各测点钢拱架应变实测值

| 监测日期 | 测点编号及其应变/$\mu\varepsilon$ | | | | | 监测断面桩号：YK34+180 | |
	GGJ1	GGJ2	GGJ3	GGJ4	GGJ5	距离掌子面/m	距离下台阶/m
2015/12/19	2449	2681	2539	2659	2204	6	30
2015/12/20	2749	2645	2664	2541	2278	10	26
2015/12/21	2668	2508	2490	2436	2239	13	26
2015/12/22	2665	2507	2485	2434	2244	17	20
2015/12/23	2662	2503	2487	2436	2250	21	17
2015/12/24	2652	2488	2471	2432	2273	25	12
2015/12/25	2647	2482	2473	2432	2279	30	12
2015/12/26	2632	2464	2468	2432	2275	35	6
2015/12/28	2620	2452	2441	2392	2225	45	0
2015/12/29	2620	2454	2441	2394	2230	45	0
2015/12/30	2619	2456	2445	2399	2233	50	0
2015/12/31	2618	2464	2435	2397	2236		
2016/1/1	2598	2460	2435	2397	2235		
2016/1/2	2604	2461	2435	2397	2235		
2016/1/3	2604	2459	2436	2397	2235		
2016/1/5	2602	2454	2427	2396	2233		
2016/1/6	2601	2453	2426	2398	2233		
2016/1/18	2582	2426	2394	2394	2218		
2016/1/21	2572	2427	2384	2389	2218		距二衬13
2016/1/26	2571	2434	2408	2414	2218		距二衬5
2016/1/27	2578	2439	2415	2418	2217		二衬施作
2016/1/28	2577	2442	2418	2419	2217		
2016/2/15	2612	2450	2460	2423	2230		
2016/3/9	2657	2460	2484	2440	2263		
2016/4/12	2663	2462	2489	2445	2267		
2016/5/10	2672	2464	2492	2451	2275		
2016/6/19	2681	2469	2497	2451	2276		
2016/7/12	2682	2466	2496	2455	2278		
2016/8/26	2679	2463	2500	2453	2278		
2016/9/24	2678	2463	2500	2451	2276		

从各测点钢拱架应变随时间变化曲线可知，在钢拱架安设、初衬喷射混凝土完成后的较短时间内，钢拱架应变出现急剧下降，随后下降趋势逐渐变缓；当下台阶开挖到钢拱架安设处时，应变值以较大斜率基本呈直线下降；随着二衬支护混凝土浇筑的完成，钢拱架应变值变化趋势发生变化，呈现出上升趋势，随着时间的推移，应变值增长速率明显降低并逐渐趋于稳定。

2. 围岩压力监测数据分析

在监测断面 K34+180 布设了 5 个土压力盒，分别布设在左边墙、左拱腰、拱顶、右拱腰、右边墙，对应监测点编号分别为 WYL1、WYL2、WYL3、WYL4、WYL，各测点围岩压力随时间变化曲线如图 3-31 所示，各测点围岩压力实测值详见表 3-4。

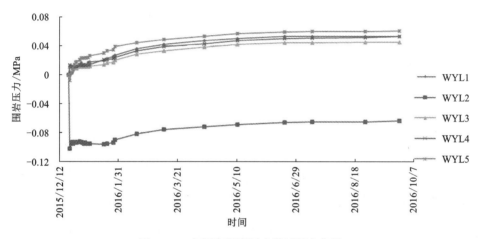

图 3-31　各测点围岩压力随时间变化图

表 3-4　各测点围岩压力实测值

监测日期	测点编号及其围岩压力/MPa					监测断面桩号：YK34+180	
	WYL1	WYL2	WYL3	WYL4	WYL5	距离掌子面/m	距离下台阶/m
2015/12/19	0	0	0	0	0	6	30
2015/12/20	0.004	−0.102	0.011	0.013	−0.008	10	26
2015/12/21	0.003	−0.094	0.01	0.012	0.003	13	26
2015/12/22	0.003	−0.093	0.01	0.012	0.006	17	20
2015/12/23	0.005	−0.095	0.01	0.011	0.009	21	17
2015/12/24	0.007	−0.094	0.009	0.011	0.014	25	12
2015/12/25	0.009	−0.093	0.01	0.012	0.017	30	12
2015/12/26	0.01	−0.094	0.009	0.012	0.018	35	6
2015/12/28	0.014	−0.092	0.011	0.013	0.021	45	0

续表3-4

| 监测日期 | 测点编号及其围岩压力/MPa | | | | | 监测断面桩号：YK34+180 | |
	WYL1	WYL2	WYL3	WYL4	WYL5	距离掌子面/m	距离下台阶/m
2015/12/29	0.015	−0.093	0.011	0.013	0.020	45	0
2015/12/30	0.016	−0.093	0.011	0.013	0.023	50	0
2015/12/31	0.013	−0.094	0.011	0.013	0.023		
2016/1/1	0.014	−0.095	0.011	0.013	0.023		
2016/1/2	0.014	−0.094	0.011	0.013	0.023		
2016/1/3	0.013	−0.095	0.011	0.013	0.023		
2016/1/5	0.017	−0.095	0.011	0.013	0.024		
2016/1/6	0.018	−0.095	0.012	0.014	0.026		
2016/1/18	0.019	−0.096	0.014	0.021	0.030		
2016/1/21	0.022	−0.095	0.016	0.021	0.033	距二衬13	
2016/1/26	0.025	−0.094	0.017	0.022	0.034	距二衬5	
2016/1/28	0.027	−0.090	0.020	0.024	0.039		
2016/2/15	0.036	−0.082	0.028	0.033	0.044		
2016/3/9	0.042	−0.076	0.033	0.039	0.049		
2016/4/12	0.047	−0.072	0.038	0.043	0.053		
2016/5/10	0.050	−0.069	0.042	0.047	0.057		
2016/6/19	0.053	−0.066	0.044	0.050	0.059		
2016/7/12	0.053	−0.065	0.044	0.051	0.060		
2016/8/26	0.053	−0.065	0.045	0.052	0.060		
2016/9/24	0.053	−0.064	0.045	0.053	0.061		

从各测点围岩压力随时间变化曲线可知，在初衬喷射混凝土完成后的较短时间内，围岩压力急剧增大，当下台阶开挖到测点处时压力增大速率变缓；二衬支护混凝土浇筑完成后，较短时间内围岩压力增大且速率增大，随着时间推移，围岩压力增大趋势变缓并逐渐趋于稳定。

3. 初支混凝土应变监测数据分析

在监测断面K34+180布设了5个混凝土应变计，分别布设在左边墙、左拱腰、拱顶、右拱腰、右边墙，对应监测点编号分别CHN1、CHN2、CHN3、CHN4、CHN5，各测点初支混凝土应变随时间变化曲线如图3-32所示，各测点初支混凝土应变实测值详见表3-5。

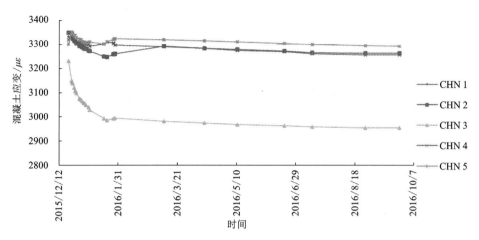

图 3-32　各测点初支混凝土应变随时间变化图

表 3-5　各测点初支混凝土应变实测值

监测日期	测点编号及其应变/$\mu\varepsilon$					监测断面桩号：YK34+180	
	CHN1	CHN2	CHN3	CHN4	CHN5	距离掌子面/m	距离下台阶/m
2015/12/19	3333	3349	3231	3318	3301	10	26
2015/12/21	挖机破坏	3348	3150	3346	3350	13	26
2015/12/22		3342	3143	3345	3348	17	20
2015/12/23		3325	3138	3322	3343	21	17
2015/12/24		3316	3121	3312	3338	25	12
2015/12/25		3313	3110	3317	3336	30	12
2015/12/26		3304	3098	3308	3329	35	6
2015/12/28		3294	3075	3311	3321	45	0
2015/12/29		3291	3074	3306	3320	45	0
2015/12/30		3292	3072	3310	3320	50	0
2015/12/31		3288	3064	3299	3313		
2016/1/1		3283	3057	3300	3309		
2016/1/2		3281	3055	3299	3307		
2016/1/3		3280	3050	3301	3306		
2016/1/5		3273	3039	3298	3308		
2016/1/6		3271	3028	3292	3309		
2016/1/18		3249	2993	3302	3300		
2016/1/21		3248	2987	3309	3309	距二衬 13	

续表3-5

监测日期	测点编号及其应变/με					监测断面桩号：YK34+180	
	CHN1	CHN2	CHN3	CHN4	CHN5	距离掌子面/m	距离下台阶/m
2016/1/26		3258	2993	3306	3322	距二衬5	
2016/1/27		3258	2992	3304	3321		
2016/1/28		3260	2994	3296	3324		
2016/3/9		3291	2981	3289	3320		
2016/4/12		3284	2975	3282	3315		
2016/5/10		3279	2969	3275	3310		
2016/6/19		3272	2964	3269	3303		
2016/7/12		3264	2958	3260	3299		
2016/8/26		3262	2954	3257	3295		
2016/9/24		3262	2955	3257	3292		

从各测点初支混凝土应变随时间变化曲线可知，在初衬喷射混凝土完成后，初支混凝土应变出现较大幅度下降；下台阶开挖到测点处时，混凝土应变继续下降且趋势变缓；二衬支护混凝土浇筑完成后，混凝土应变增大且持续较短时间，而后发生转折呈现缓慢降低趋势并逐渐趋于稳定。

4. 围岩内部位移监测数据分析

在监测断面K34+180布设了15个单点位移计，分别布设在左边墙、左拱腰、拱顶、右拱腰、右边墙，对应监测点编号分别为DDJ1、DDJ2、DDJ3、DDJ4、DDJ5、DDJ6、DDJ7、DDJ8、DDJ9、DDJ10、DDJ11、DDJ12、DDJ13、DDJ14、DDJ15，各测点围岩内部位移随时间变化曲线如图3-33~图3-37所示，各测点围岩内部位移实测值详见表3-6~表3-10。

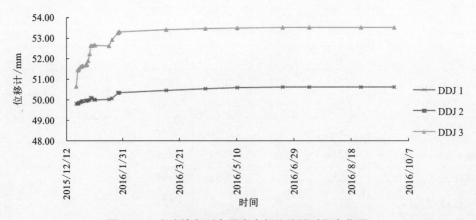

图3-33 左边墙各测点围岩内部位移随时间变化图

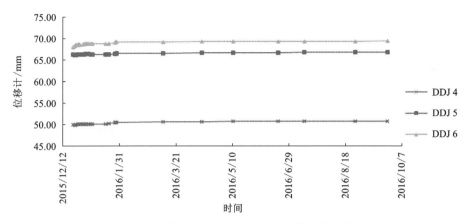

图 3-34　左拱腰各测点围岩内部位移随时间变化图

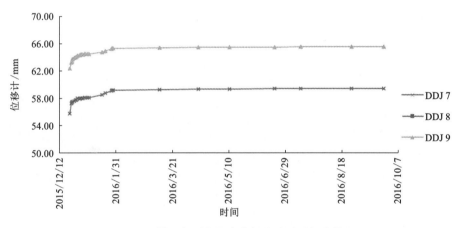

图 3-35　拱顶各测点围岩内部位移随时间变化图

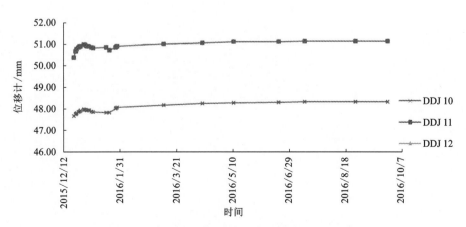

图 3-36　右拱腰各测点围岩内部位移随时间变化图

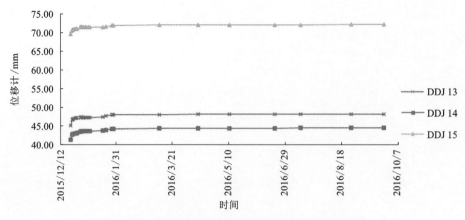

图 3-37　右边墙各测点围岩内部位移随时间变化图

表 3-6　左边墙各测点围岩内部位移实测值

测点编号	DDJ1	DDJ2	DDJ3	监测断面桩号：YK34+180	
埋深/m	1	3	4.5	距离掌子面/m	距离下台阶/m
监测日期	位移/mm	位移/mm	位移/mm		
2015/12/20	49.80		50.64	10	26
2015/12/21	49.81		51.42	13	26
2015/12/22	49.83		51.49	17	20
2015/12/23	49.85		51.49	21	17
2015/12/24	49.89		51.60	25	12
2015/12/25	49.91		51.62	30	12
2015/12/26	49.94		51.65	35	6
2015/12/28	49.96		51.68	45	0
2015/12/29	49.95	施工破坏	51.71	45	0
2015/12/30	49.98		51.70	50	0
2015/12/31	49.97		51.88		
2016/1/1	50.01		52.23		
2016/1/2	50.10		52.62		
2016/1/3	50.09		52.63		
2016/1/5	50.03		52.66		
2016/1/6	50.01		52.64		
2016/1/18	50.02		52.62		
2016/1/21	50.09		52.92	距二衬 13	

续表3-6

测点编号	DDJ1	DDJ2	DDJ3	监测断面桩号：YK34+180	
埋深/m	1	3	4.5	距离掌子面 /m	距离下台阶 /m
监测日期	位移/mm	位移/mm	位移/mm		
2016/1/26	50.32		53.24	距二衬 5	
2016/1/27	50.34		53.27		
2016/1/28	50.36		53.29		
2016/3/9	50.47		53.40		
2016/4/12	50.53		53.46		
2016/5/10	50.58	施工破坏	53.50		
2016/6/19	50.61		53.52		
2016/7/12	50.62		53.53		
2016/8/26	50.62		53.53		
2016/9/24	50.63		53.53		

表 3-7　左拱腰各测点围岩内部位移实测值

测点编号	DDJ4	DDJ5	DDJ6	监测断面桩号：YK34+180	
埋深/m	1	3	3	距离掌子面 /m	距离下台阶 /m
监测日期	位移/mm	位移/mm	位移/mm		
2015/12/20	49.95	66.23	67.96	10	26
2015/12/21	49.87	66.08	68.25	13	26
2015/12/22	49.90	66.08	68.28	17	20
2015/12/23	49.99	66.14	68.42	21	17
2015/12/24	50.03	66.22	68.49	25	12
2015/12/25	50.05	66.25	68.53	30	12
2015/12/26	50.06	66.26	68.52	35	6
2015/12/27	50.10				
2015/12/28	50.11	66.28	68.61	45	0
2015/12/29	50.10	66.29	68.61	45	0
2015/12/30	50.13	66.29	68.63	50	0
2015/12/31	50.13	66.32	68.71		
2016/1/1	50.13	66.34	68.71		
2016/1/2	50.14	66.33	68.71		

续表3-7

测点编号	DDJ4	DDJ5	DDJ6	监测断面桩号：YK34+180	
埋深/m	1	3	3	距离掌子面 /m	距离下台阶 /m
监测日期	位移/mm	位移/mm	位移/mm		
2016/1/3	50.13	66.31	68.70		
2016/1/5	50.10	66.28	68.71		
2016/1/6	50.10	66.27	68.71		
2016/1/18	50.10	66.18	68.69		
2016/1/21	50.17	66.20	68.78	距二衬 13	
2016/1/26	50.42	66.36	69.02	距二衬 5	
2016/1/27	50.46	66.40	69.05		
2016/1/28	50.48	66.43	69.06		
2016/3/9	50.58	66.54	69.17		
2016/4/12	50.63	66.60	69.22		
2016/5/10	50.67	66.65	69.27		
2016/6/19	50.70	66.67	69.29		
2016/7/12	50.71	66.69	69.30		
2016/8/26	50.71	66.70	69.31		
2016/9/24	50.71	66.71	69.32		

表3-8 拱顶各测点围岩内部位移实测值

测点编号	DDJ7	DDJ8	DDJ9	监测断面桩号：YK34+180	
埋深/m	1	3	3.5	距离掌子面 /m	距离下台阶 /m
监测日期	位移/mm	位移/mm	位移/mm		
2015/12/20	55.82		62.35	10	26
2015/12/21	57.26		63.25	13	26
2015/12/22	57.42		63.40	17	20
2015/12/23	57.49		63.71	21	17
2015/12/24	57.62	施工破坏	63.90	25	12
2015/12/25	57.73		64.00	30	12
2015/12/26	57.74		64.03	35	6
2015/12/27	58.01		64.20		
2015/12/28	57.97		64.29	45	0

续表3-8

测点编号	DDJ7	DDJ8	DDJ9	监测断面桩号：YK34+180	
埋深/m	1	3	3.5	距离掌子面	距离下台阶
监测日期	位移/mm	位移/mm	位移/mm	/m	/m
2015/12/29	57.95		64.28	45	0
2015/12/30	58.01		64.35	50	0
2015/12/31	57.99		64.36		
2016/1/1	58.03		64.40		
2016/1/2	58.07		64.45		
2016/1/3	58.09		64.46		
2016/1/5	58.12		64.49		
2016/1/6	58.11		64.49		
2016/1/18	58.48		64.75		
2016/1/21	58.77	施工破坏	64.92	距二衬13	
2016/1/26	59.11		65.24	距二衬5	
2016/1/27	59.15		65.27		
2016/1/28	59.16		65.30		
2016/3/9	59.26		65.39		
2016/4/12	59.32		65.44		
2016/5/10	59.37		65.48		
2016/6/19	59.40		65.50		
2016/7/12	59.41		65.52		
2016/8/26	59.42		65.52		
2016/9/24	59.42		65.52		

表 3-9　右拱腰各测点围岩内部位移实测值

测点编号	DDJ10	DDJ11	DDJ12	监测断面桩号：YK34+180	
埋深/m	1	3	3.5	距离掌子面	距离下台阶
监测日期	位移/mm	位移/mm	位移/mm	/m	/m
2015/12/20	47.68	50.38		10	26
2015/12/21	47.75	50.66	施工破坏	13	26
2015/12/22	47.77	50.70		17	20
2015/12/23	47.80	50.77		21	17

续表3-9

测点编号	DDJ10	DDJ11	DDJ12	监测断面桩号：YK34+180	
埋深/m	1	3	3.5	距离掌子面	距离下台阶
监测日期	位移/mm	位移/mm	位移/mm	/m	/m
2015/12/24	47.87	50.84		25	12
2015/12/25	47.88	50.87		30	12
2015/12/26	47.91	50.90		35	6
2015/12/27					
2015/12/28	47.97	50.98		45	0
2015/12/29	47.98	50.98		45	0
2015/12/30	47.96	50.97		50	0
2015/12/31	47.96	50.94			
2016/1/1	47.94	50.91			
2016/1/2	47.94	50.91			
2016/1/3	47.94	50.90			
2016/1/5	47.88	50.84			
2016/1/6	47.86	50.83	施工破坏		
2016/1/18	47.83	50.85			
2016/1/21	47.84	50.72		距二衬 13	
2016/1/26	48.01	50.86		距二衬 5	
2016/1/27	48.04	50.88			
2016/1/28	48.07	50.91			
2016/3/9	48.17	51.01			
2016/4/12	48.24	51.07			
2016/5/10	48.28	51.10			
2016/6/19	48.31	51.11			
2016/7/12	48.32	51.13			
2016/8/26	48.33	51.14			
2016/9/24	48.33	51.15			

表 3-10　右边墙各测点围岩内部位移实测值

测点编号	DDJ13	DDJ14	DDJ15	监测断面桩号：YK34+180	
埋深/m	1	3	5	距离掌子面	距离下台阶
监测日期	位移/mm	位移/mm	位移/mm	/m	/m
2015/12/20	45.18	41.31	69.64	10	26
2015/12/22	46.70	42.70	70.68	13	26
2015/12/22	46.81	42.80	70.75	17	20
2015/12/23	46.89	42.84	70.77	21	17
2015/12/24	47.02	42.97	70.91	25	12
2015/12/25	47.11	43.05	70.91	30	12
2015/12/26	47.17	43.11	70.95	35	6
2015/12/29	47.30	43.47	71.45	45	0
2015/12/29	47.30	43.50	71.47	45	0
2015/12/30	47.34	43.57	71.49	50	0
2015/12/31	47.25	43.56	71.42		
2016/1/1	47.24	43.55	71.42		
2016/1/2	47.28	43.56	71.45		
2016/1/3	47.26	43.59	71.44		
2016/1/5	47.31	43.60	71.42		
2016/1/6	47.30	43.61	71.43		
2016/1/18	47.33	43.70	71.42		
2016/1/21	47.63	43.95	71.61	距二衬 13	
2016/1/26	47.92	44.17	71.80	距二衬 5	
2016/1/27	47.94	44.20	71.83		
2016/1/28	47.96	44.22	71.85		
2016/3/9	48.05	44.32	71.96		
2016/4/12	48.11	44.38	72.01		
2016/5/10	48.14	44.41	72.04		
2016/6/19	48.15	44.44	72.06		
2016/7/12	48.15	44.45	72.08		
2016/8/26	48.15	44.45	72.09		
2016/9/24	48.15	44.45	72.09		

从各测点围岩内部位移随时间变化曲线可知，各部位围岩内部位移在各施工阶段展现

出的变化规律不尽相同，但总体可以得出，从初衬喷射混凝土完成至二衬支护混凝土浇筑完成期间，围岩内部位移先增加且趋势变缓，随后基本保持平稳。二衬支护施工后，围岩内部位移在短时间内略微上升，随后一直保持稳定。

5. 监测小结

结合各监测项目的监测数据，钢拱架应变、围岩压力、初支混凝土应变、围岩内部位移的变化主要与下台阶开挖、二衬混凝土浇筑等施工工序有关。结合监测数据可得出以下结论：

①初期支护完成后，钢拱架应变由于结构变化发生应力调整，先急剧降低随后降低速率变缓，下台阶开挖对钢拱架应变有部分解除作用，使得钢拱架支撑作用不断降低，二衬混凝土的浇筑使得钢拱架应变值发生转折，呈现出上升趋势并逐渐趋于稳定，钢拱架的支撑作用得到发挥。由此可知，在初期支护钢拱架应变基本趋于稳定后进行下台阶的开挖，并在下台阶开挖完后尽快进行二衬支护，对发挥钢拱架的支护效果和保障隧道施工的安全性有着重要的作用。

②隧道的开挖对围岩有应力解除作用，使围岩的稳定性降低，初期支护完成后，围岩发生应力调整，压力显著增大，下台阶开挖时，下台阶围压对隧道岩体同样有应力解除作用，导致压力增大且速率变缓；二衬支护完成后，较短时间内围岩压力发生应力调整，压力增大且速率增加，随着时间的推移，围岩压力增大趋势变缓并逐渐趋于稳定。通过对围岩压力的监测，可以有效地判断支护结构在不同阶段发挥的支护效果和作用。

③初衬支护完成后，混凝土应变由于结构的应力调整，出现较大幅度下降；下台阶开挖对初衬支护的效果有一定的减弱作用，混凝土应变下降且趋势变缓，二衬支护作用施加使初支混凝土在较短时间内应变增大，而后二衬发挥支护效果使初支混凝土应变呈现缓慢降低趋势并逐渐趋于稳定。因此，应特别关注下台阶开挖时初衬支护的变形和稳定性。

④通过各部位围岩内部位移变化总体可以得出，从初衬支护至二衬支护期间，围岩内部位移先增加，初期支护作用的发挥使围岩内部位移增加趋势变缓，随后基本保持平稳。二衬支护施加使围岩内部位移在短时间内略微上升，随后支护作用发挥，围岩内部位移一直保持稳定。

▶ 3.4 动荷载作用下隧道响应

移动荷载作用下半无限域弹性土体动力响应问题，在岩土工程、交通工程等领域具有重要意义，如重型车辆引起隧道结构、地面振动问题，车辆荷载作用下路基的沉降分析，等等。

对于半无限地基土体动力响应，采用有限元法，不可避免需建立有效的人工边界与合理离散网格。尽管目前国内外学者已建立了具有各自优点的人工边界模型动力有限元法，以分析无限域地基土体动力问题，但仍不具有有限元意义上的精确性，即低阶边界精度不足、高阶边界稳定性差，离散网格无限小时数值解难以收敛到精确解。采用三维空间域的时域动力有限元模型分析移动荷载作用下半无限域动力响应，为保证计算精度，尤其是移动荷载速度接近弹性体剪切波速时，要求地基离散范围必须足够大，单元尺寸足够小，必然造成计算模型自由度增大，导致占用计算机资源量较大，计算时间长，甚至计算难以实现。为解决结构-地基动力相互作用问题中的无限域动力刚度计算问题，Wolf 和 Song 对弹性动力学基本方程采用坐标变换和加权余量法，基于相似性和有限元法的算法，首次提出了比例边界有限元方法。该方法不但兼有有限元和边界元的优点，而且具有自身的特点：与边界单元法相比，不需要基本解求解。而且通过合理的相似中心选取，能够成功满足 Sommerfeld 辐射条件，即在无穷域中由源发出的波只能以去波的形式向无穷远消散而不能有从无穷远的来波。Deeks 和 Wolf 应用虚功原理重新推导了弹性静力学问题的比例边界有限元方程。目前比例边界有限元法已应用于时域、频域中无限域波动问题分析以及无限地基的边界动力刚度矩阵等的求解，如 Deeks 和 Wolf 应用比例边界有限元方法求解了二维无限域的弹性静力学问题；Song 和 Wolf 分析了各向异性材料的断裂问题；林皋和杜建国分析了坝面动水压力问题；Zhang 和 Wegner 等利用比例边界有限元方法求解出时域下无限地基的加速度单位脉冲响应函数，分析了三维结构-地基动力相互作用。利用有限元来模拟结构和近场地基，比例边界有限元模拟结构两侧的无限地基，边界元模拟结构底部无限地基，Genes 和 Kocak 形成了 FE-BE-SBFEM 耦合法，分析了结构-层状地基动力相互作用问题。已有研究表明：比例边界有限元法在处理大部分无限域、各向异性介质、材料不均匀变化等问题上是精确、有效的。

考虑到半空间域中的移动荷载运动方向与无限域中结构的纵轴向一致性，对荷载移动方向采用空间域-波数的 Fourier 积分变换，可使 3D 空间转化为 2D 平面问题计算，极大地减少计算工作量。同时，利用比例边界有限元法在环向上采用有限元法意义的离散，利用半无限径向进行准确的解析求解，避免无限边界计算误差，形成频域-波数域比例边界有限元法，得到半无限域土体的精确动力刚度，分析时间-空间域半无限域土体动力响应，目前尚未有文献报道。基于此，本节拟利用荷载移动方向的空间到波数域的 Fourier 积分变换，结合虚功原理，建立频域-波数域内的比例边界有限元方程，分析时间-空间域移动荷载作用下半空间的动力响应。

3.4.1　比例边界坐标系与直角坐标系转换

对于直角坐标系 $(\hat{x}, o, \hat{y})$ 下的弹性域 V，如图 3-38(a)所示；利用比例边界有限元法的处理方法，建立比例边界坐标系 ξ、O、η，直角坐标系的 O 点为比例中心，若弹性域 V 为有限域，在其边界进行有限元意义的离散，任取离散边界的线单元为 L^e，则可形成以 O 为顶点的锥面，如图 3-38(b)所示。定义 ξ 为垂直于线单元 L^e 边界的径向坐标，η 为边界上单元的环向坐标，$\xi=0$ 表示锥面顶点，$\xi=1$ 表示锥底面的边界线单元 L^e，$\eta=\pm1$ 分别对应于锥底面线单元 L^e 的两端。

若弹性域 V 为无限域，径向坐标为 ξ，则对于 $\xi=1$ 边界，可由 n 个离散单元节点坐标表示边界上任一点 $[x(\eta), y(\eta)]$，为

$$\begin{cases} x(\eta) = [N(\eta)]\{x\} = [N]\{x\} \\ y(\eta) = [N(\eta)]\{y\} = [N]\{y\} \end{cases} \tag{3-7}$$

比例边界坐标系下径向坐标 ξ 具有比例因子意义，因此域内任意点 $[\hat{x}(\eta), \hat{y}(\eta)]$ 与边界上点的坐标关系为

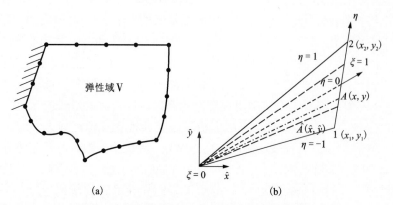

图 3-38　弹性域与比例曲线坐标系下的线单元

$$\hat{x}(\xi,\ \eta) = \xi x(\eta)$$
$$\hat{y}(\xi,\ \eta) = \xi y(\eta) \qquad\qquad (3-8)$$

则直角坐标系与比例坐标系下存在以下关系：

$$\left\{\begin{matrix}\partial/\partial\hat{x}\\[4pt]\partial/\partial\hat{y}\end{matrix}\right\} = [\mathbf{J}]^{-1}\left\{\begin{matrix}\partial/\partial\xi\\[4pt]\dfrac{1}{\xi}\partial/\partial\eta\end{matrix}\right\}\ [\hat{\mathbf{J}}] = \begin{bmatrix}\hat{x}_{,\xi} & \hat{y}_{,\xi}\\[4pt]\hat{x}_{,\eta} & \hat{y}_{,\eta}\end{bmatrix} = \begin{bmatrix}1 & 0\\[4pt]0 & \xi\end{bmatrix}[\mathbf{J}],\ [\mathbf{J}] = \begin{bmatrix}x & y\\[4pt]x_{,\eta} & y_{,\eta}\end{bmatrix}$$

$$(3-9)$$

式中：$[\hat{\mathbf{J}}]$ 为 Jacobian 矩阵。

3.4.2　频域−波数域控制方程

半无限域中隧道孔洞具有等横截面，移动荷载以速度 v 沿隧道孔洞纵轴线方向运动，如图 3-39（a）所示。对于半无限弹性地基，不考虑体力，直角坐标 $(\hat{x},\ \hat{y})$ 下频域−波数域的弹性动力学方程为

$$\sigma_{ij,j}(\hat{x},\ \hat{y},\ \hat{z},\ t) = \rho\ddot{u}_i(\hat{x},\ \hat{y},\ \hat{z},\ t) \qquad\qquad (3-10)$$

式中：σ_{ij}、$u_i(i,j = x,y,z)$、ρ 分别为半无限域的应力、位移与密度。

如图 3-39（b）所示，在隧道孔洞底面 $y = -h$ 有如下边界条件：

$$\sigma_y(x,\ y,\ z,\ t) = -F_n\delta(z - vt),$$
$$\sigma_x(x,\ y,\ z,\ t) = 0,$$
$$\sigma_z(x,\ y,\ z,\ t) = 0 \qquad\qquad -a \leqslant x \leqslant a \qquad\qquad (3-11)$$

式中：F_n 为荷载集度。

考虑到荷载沿隧道孔洞纵轴线方向运动特性，将控制方程、边界条件进行时间−频率 $(t \to \omega)$ 和空间−波数 $(z \to k_z)$ 的 Fourier 变换，则频率−波数域中弹性动力学方程、边界条件为

$$[L]^{\mathrm{T}}\{\widetilde{\overline{\sigma}}(x,\ y,\ k_z,\ \omega)\} + \rho\omega^2\{\widetilde{\overline{u}}(x,\ y,\ k_z,\ \omega)\} = 0 \qquad\qquad (3-12)$$

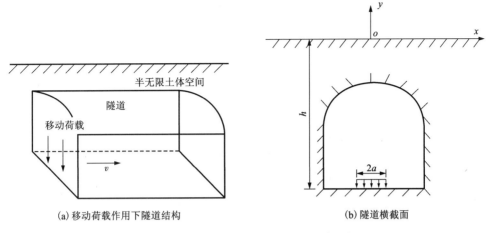

(a) 移动荷载作用下隧道结构　　　　　　(b) 隧道横截面

h—隧道底部到地面高度；$2a$—移动荷载分布长度。

图 3-39　具有等横截面的隧道结构在移动荷载作用下的示意图

$$\widetilde{\overline{\sigma}}_y(x, y, k_z, \omega) = -2\pi F_n \delta(\omega + k_z v),$$

$$\widetilde{\overline{\sigma}}_x(x, y, k_z, \omega) = 0, \qquad\qquad\qquad (3\text{-}13)$$

$$\widetilde{\overline{\sigma}}_z(x, y, k_z, \omega) = 0 \qquad\qquad -a \leqslant x \leqslant a$$

式中：上标"-""~"分别表示频域、波数域内量，$\{\widetilde{\overline{\sigma}}\} = \{\widetilde{\overline{\sigma}}(\hat{x}, \hat{y}, k_z, \omega)\} = \{\widetilde{\overline{\sigma}}_x \widetilde{\overline{\sigma}}_y \widetilde{\overline{\sigma}}_z \widetilde{\overline{\tau}}_{yz} \widetilde{\overline{\tau}}_{xz} \widetilde{\overline{\tau}}xy\}^{\mathrm{T}}$、$\{\widetilde{\overline{u}}\} = \{\widetilde{\overline{u}}(\hat{x}, \hat{y}, k_z, \omega)\} = \{\widetilde{\overline{u}}_x \widetilde{\overline{u}}_y \widetilde{\overline{u}}_z\}^{\mathrm{T}}$，微分算子$[L]$定义为

$$[L] = \begin{bmatrix} \partial/\partial\hat{x} & 0 & 0 & 0 & ik_z & \partial/\partial\hat{y} \\ 0 & \partial/\partial\hat{y} & 0 & ik_z & 0 & \partial/\partial\hat{x} \\ 0 & 0 & ik_z & \partial/\partial\hat{y} & \partial/\partial\hat{x} & 0 \end{bmatrix}^{\mathrm{T}}$$

对于各向同性的饱和土体，应力 σ、应变 ε 与位移矢量 u 满足 Hooke 定律：

$$\sigma = [D]\varepsilon = [D][L]u \qquad\qquad (3\text{-}14)$$

式中：$[D]$ 为饱和土体材料弹性矩阵。

由式(3-10)可知，在图 3-28 所示的比例曲线坐标系 (ξ, η) 下，频域-波数域微分算子 $[L]$ 表示为

$$[L] = [b^1]\frac{\partial}{\partial\xi} + \frac{1}{\xi}[b^2]\frac{\partial}{\partial\eta} + ik_z[b^3] \qquad\qquad (3\text{-}15)$$

式中：$[b_1] = \begin{bmatrix} y_{,\eta} & 0 & 0 & 0 & 0 & -x_{,\eta} \\ 0 & -x_{,\eta} & 0 & 0 & 0 & y_{,\eta} \\ 0 & 0 & 0 & -x_{,\eta} & y_{,\eta} & 0 \end{bmatrix}^{\mathrm{T}}$，$[b_2] = \begin{bmatrix} y_{,\eta} & 0 & 0 & 0 & 0 & -x_{,\eta} \\ 0 & -x_{,\eta} & 0 & 0 & 0 & y_{,\eta} \\ 0 & 0 & 0 & -x_{,\eta} & y_{,\eta} & 0 \end{bmatrix}^{\mathrm{T}}$，

$$[b^3] = \begin{bmatrix} 0 & 0 & 0 & 0 & ik_z & 0 \\ 0 & 0 & 0 & ik_z & 0 & 0 \\ 0 & 0 & ik_z & 0 & 0 & 0 \end{bmatrix}^{\mathrm{T}} 。$$

由式(3-15)可知，$[b^1]$、$[b^2]$ 与径向坐标为 ξ 无关，且满足下式：

$$(|J|[b^2]),_\eta = -|J|[b^1] \tag{3-16}$$

半无限域中隧道孔洞动力响应的位移采用与节点坐标相类似的形函数表示，则在任一径向坐标 ξ 上，位移可表示为

$$\{\tilde{u}\} = \{\tilde{u}(\xi, \eta)\} = [N(\eta)]\{\tilde{u}(\xi)\} \tag{3-17}$$

由式(3-14)、式(3-15)、式(3-17)可知，比例曲线坐标下应力为

$$\{\tilde{\sigma}\} = [D]([b^1]\{\tilde{u},_\xi\} + \frac{1}{\xi}[b^2]\{\tilde{u},_\eta\} + [b^3]\{\tilde{u}\})$$

$$= [D]([B^1]\{\tilde{u}(\xi)\},_\xi + \frac{1}{\xi}[B^2]\{\tilde{u}(\xi)\} + ik_z[B^3]\{\tilde{u}(\xi)\}) \tag{3-18}$$

$$\{\tilde{\sigma},_\xi\} = [D]([B^1]\{\tilde{u}(\xi)\},_{\xi\xi} + \frac{1}{\xi}[B^2]\{\tilde{u}(\xi)\},_\xi - \frac{1}{\xi^2}[B^2]\{\tilde{u}(\xi)\} + ik_z[B^3]\{\tilde{u},_\xi\})$$

$$\tag{3-19}$$

式中：$[B^1] = [b^1][N]$，$[B^2] = [b^2][N],_\eta$，$[B^3] = [b^3][N]$。由此可知，$[B^1]$、$[B^2]$、$[B^3]$ 只是环向坐标 η 的函数，与径向坐标 ξ 无关。

利用式(3-9)、式(3-18)、式(3-19)可知，直角坐标系 $(\hat{x}, \hat{y})$ 下的土体控制微分方程式(3-10)在比例曲线坐标下，(ξ, η) 可表示为

$$[b^1]^{\mathrm{T}}\{\tilde{\sigma}',_\xi\} + \frac{1}{\xi}[b^2]^{\mathrm{T}}\{\tilde{\sigma},_\eta\} + ik_z[b^3]^{\mathrm{T}}\{\tilde{\sigma}\} + \rho\omega^2\{\tilde{u}\} = 0 \tag{3-20}$$

3.4.3 数值分析与算例

为检验本书方法的准确性，考察无限域中圆形隧洞模型在法向移动集中环形移动荷载速度 v 分别为 $0.1v_0$、$0.5v_0$、$0.9v_0$，$r = 1.5r_t$（r_t 为圆形隧洞半径）处的动力响应，$v_0 = \sqrt{\mu_s/\rho_b}$。有文献采用解析法对该问题进行了分析。

为进行对比分析，土体、圆形孔洞参数与文献中相同，图 3-40 中径向位移 $u_r = \sqrt{u_x^2 + u_y^2}$，纵轴向位移 u_z 进行了无量纲化，$u_y^* = 2\pi\mu_s r_t u_y/F_n$，$u_z^* = 2\pi\mu_s r_t u_z/F_n$，坐标 $z' = z - vt$。

从图 3-40 中可知，本书方法的结果与文献的解结果基本一致。

利用本文方法，分析半空间中隧道孔洞在移动荷载作用下的动力响应，考虑隧道孔洞横截面关于 y 轴对称，计算分析采用隧道孔洞横截面右部分，如图 3-41 所示，其中圆形半径 $r_t = 5.0$ m，埋深 $h = 12.0$ m。作用在隧道孔洞底面的移动荷载分布长度 $a = 3.0$ m。土体参数为：泊松比 $v_s = 1/3$，密度 $\rho_s = 2.0 \times 10^3$ kg/m³，拉梅常量 $\lambda_s = 3.0 \times 10^7$ N/m²。为避免奇点对 Fourier 逆变换积分的影响，拉梅常量取复数，即 $\lambda_s = \lambda_{s0}(1 + i\zeta)$，其中阻尼比 $\zeta = 0.01$。同样，Fourier 逆变换积分点 $N = 1025$。

根据比例边界有限元方法相似中心的确定原则，对于图 3-41 中的半无限域中隧道孔洞计算模型，采用文献的子结构分区法，计算域划分为半无限域 I 区，有限域 II、III 区，各

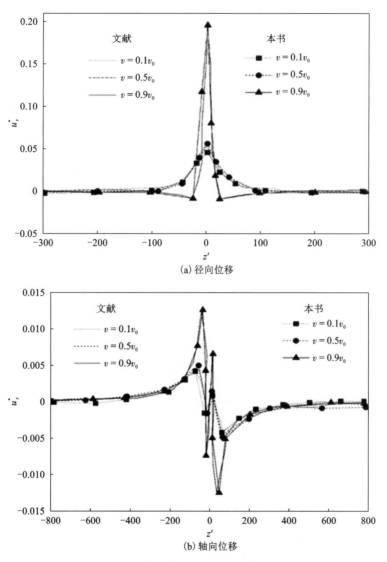

图 3-40　无限空间在 $r=1.5r_t$ 处土体的动力响应

区比例中心分别为 O、O_2、O_3。半无限域 I 区的 OC、OA 边分别对应 $\eta=\pm1$，2D 等参线单元进行离散只在边界 AB、$BFDC$ 上采用，离散单元数分别为 24、48。II 区为矩形有限域，边界 OC、CD、DE 与 OE 的 2D 等参线单元离散数均为 24，III 区中 EF 边的参线单元离散数为 36。

图 3-42 ~ 图 3-47 分别为半无限空间内半圆形隧道孔洞各参考点在移动荷载作用下的动力响应。荷载移动速度分别为 30 m/s、60 m/s、90 m/s、120 m/s。考察点坐标分别为 $A(x=0\text{ m},\ y=-17.0\text{ m})$、$G(x=2.5\text{ m},\ y=-17.0\text{ m})$、$B(x=5.0\text{ m},\ y=-17.0\text{ m})$、$E(x=0\text{ m},\ y=-7.0\text{ m})$、$F(x=5.0\text{ m},\ y=-12.0\text{ m})$、$O(x=0\text{ m},\ y=0\text{ m})$。图中竖向位移 u_y、纵轴向位移 u_z 进行了无量纲化，$u_y^*=\mu_s r_t u_y/F_n$，$u_z^*=\mu_s r_t u_z/F_n$，坐标 $z'=z-vt$。

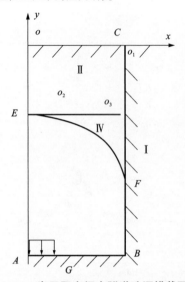

图 3-41　半无限空间中隧道孔洞横截面图

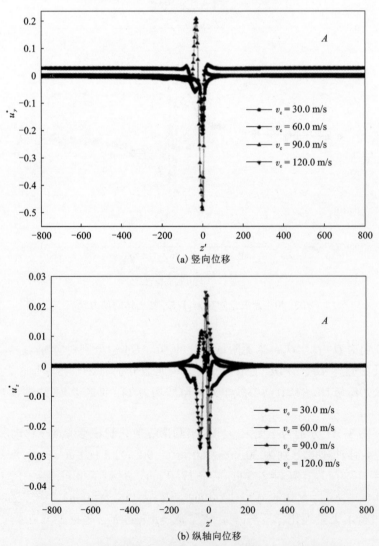

图 3-42　不同荷载速度下半空间土体中观察点 A 的动力响应

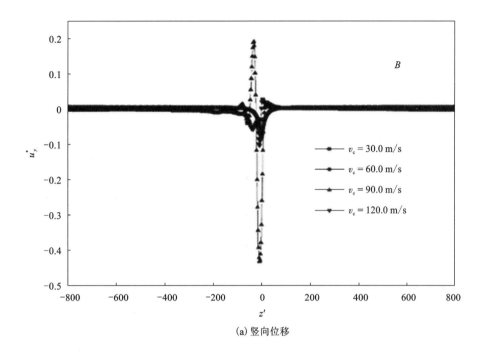

(a) 竖向位移

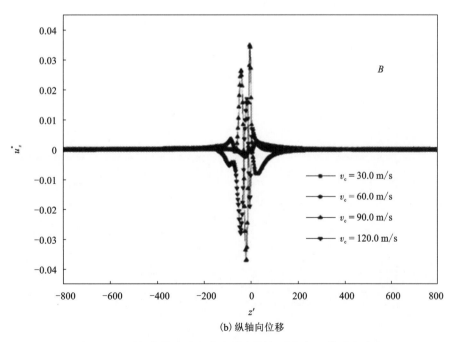

(b) 纵轴向位移

图 3-43　不同荷载速度下半空间土体中观察点 B 的动力响应

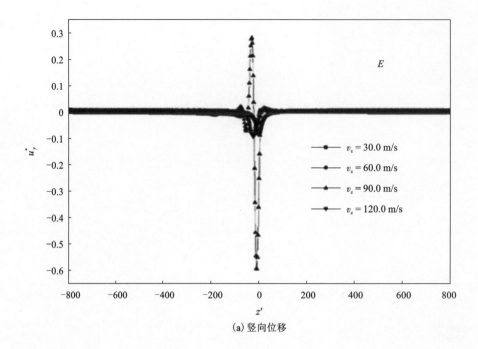

(a) 竖向位移

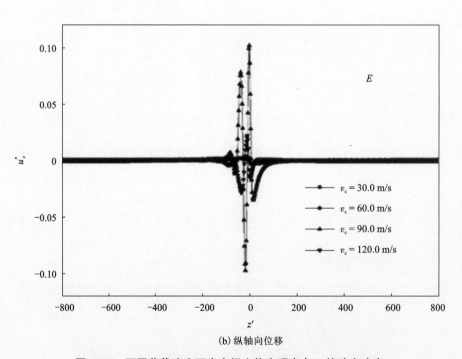

(b) 纵轴向位移

图 3-44　不同荷载速度下半空间土体中观察点 *E* 的动力响应

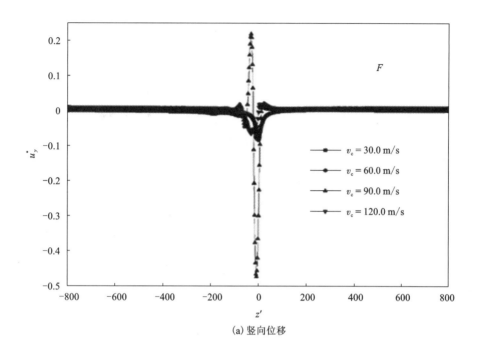

(a) 竖向位移

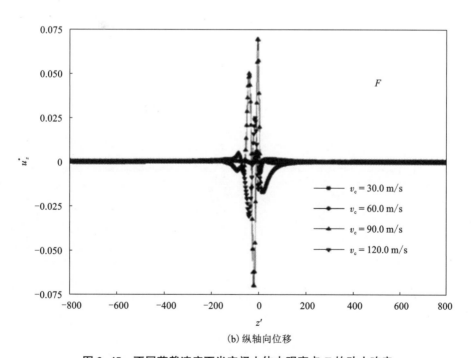

(b) 纵轴向位移

图 3-45　不同荷载速度下半空间土体中观察点 F 的动力响应

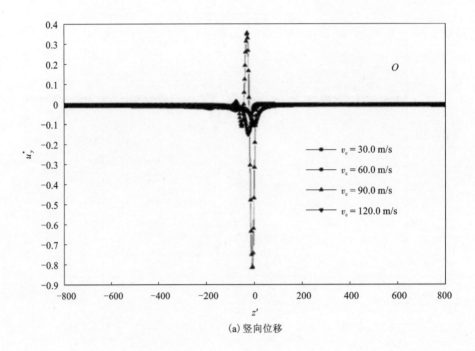

(a) 竖向位移

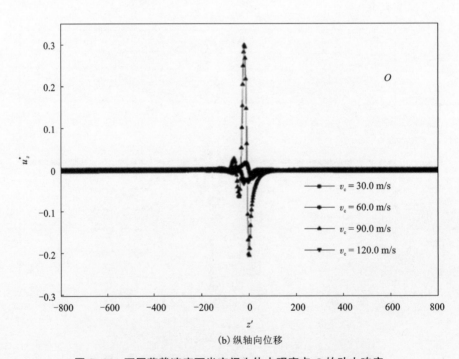

(b) 纵轴向位移

图3-46　不同荷载速度下半空间土体中观察点 *O* 的动力响应

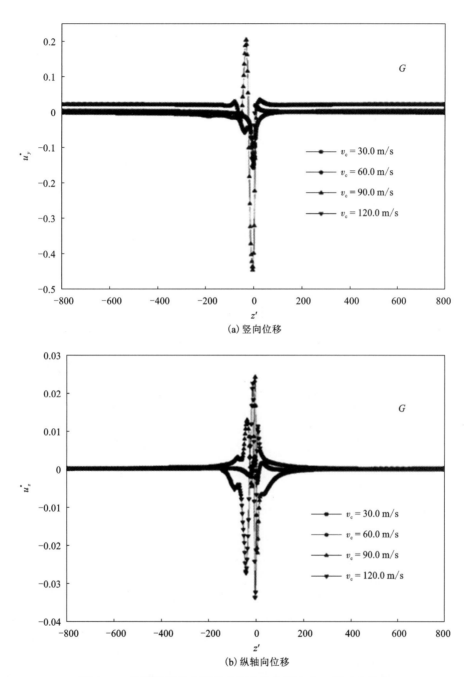

(a) 竖向位移

(b) 纵轴向位移

图 3-47　不同荷载速度下半空间土体中观察点 G 的动力响应

从图 3-42~图 3-47 可知：当荷载速度小于土体剪切波速（$v=30$、60 m/s）时，所有观察点的竖向位移 u_y^* 是关于隧道横截面的竖向对称轴对称，而沿隧道纵轴向位移 u_z^* 是关于竖向对称轴反对称的，随着移动荷载速度增大，各观察点动力响应的位移幅值增大；当荷载速度接近土体剪切波速时（$v=90$ m/s），土体位移响应增大，对称性消失；荷载速度超过土体剪切波速后（$v=120$ m/s），土体位移响应幅值减小，但波动性增强。

对比图 3-42、图 3-43 与图 3-44 可知：不同荷载速度时，观察点 A、G、B 的纵轴线位移 u_z^* 变化相同，但竖向位移 u_y^* 沿横截面水平方向衰减快。从图 3-44、图 3-45 与图 3-42、图 3-43 的比较可知：不同荷载速度下，观察点 E 的竖向位移 u_y^* 比观察点 A 小，但随着荷载移动速度的增大，观察点 E 沿隧道纵轴向位移 u_z^* 比 A 点大，荷载速度对隧道拱周边的纵轴向位移影响更显著。

图 3-47 与图 3-43~图 3-46 的比较表明：当荷载速度增大到土体剪切波速后，观察点 O 的位移相比其他观察点急剧增大，表明移动荷载速度增加，振动波传播到土体表面，引起土体振动显著增大。土体振动性增强，将会对土体及表面结构的安全性形成一定影响。

▶ 3.5 本章小结

本章通过 Fourier 积分变换和基于虚功原理，形成了频域-波数域比例边界有限元法，分析了移动荷载作用下半空间域中的动力响应问题，主要结论如下：

①利用时间-空间到频域-波数域的积分变换，可使 3D 的移动荷载问题转化为 2D 平面内分析，并且在隧道孔洞横截面环向上采用有限元法意义离散，提出的频域-波数域建立比例边界有限元方程，不仅可避免无穷边界计算处理误差，而且可极大程度上减少计算分析量。

②半无限弹性地基的振动响应随移动荷载速度增大而增大，尤其是当荷载速度增大到土体剪切波速后，振动波传播到土体表面，引起土体振动显著增大，土体振动性增强，将会对土体及表面结构的安全性形成一定影响。另外，沿隧道拱周边的纵轴向振动衰减比竖向慢。

③本方法不仅可解决半无限空间动力刚度计算问题，而且可以充分利用比例边界有限元的优点，进一步分析地裂缝、裂隙等复杂地质条件对隧道运营的动力响应影响问题。

第 4 章

富水凝灰软岩隧道施工阶段变形研究

▶ 4.1　水与围压对凝灰软岩力学性质的影响规律

随着高速公路建设的不断发展,隧道在穿越山岭时通常要受到地下水入渗侵蚀,国内外许多隧道在施工过程中都发生过涌水现象,如日本的青函隧道、苏联的北幕隧道以及我国的大北山隧道和军都山隧道。隧道开挖后,洞室周围的环向应力将重新分布,可能在围岩某处产生较大且集中现象,但是轴向的应力仍保持不变,径向应力降低,在围岩稳定状态下,径向应力和支护反力相等或者小于支护反力,径向应力可以理解为岩石所受到的围压。本节开展室内试验模拟软岩在天然地层中受到地下水和围压耦合作用的力学性质变化规律,试验设计方案如图 4-1 所示。

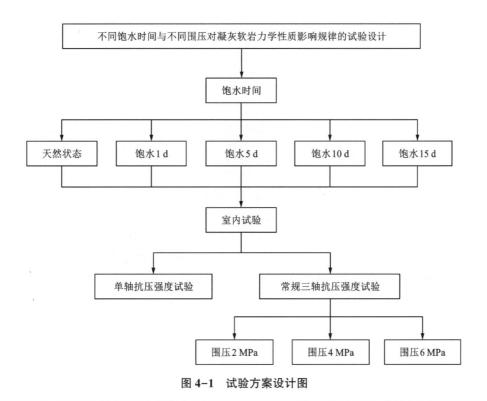

图 4-1　试验方案设计图

4.1.1　岩石单轴抗压强度试验

岩石单轴抗压强度指的是岩石在正向荷载下承受最大抵抗破坏的能力，同时国际岩石力学学会对岩石单轴抗压强度试验试件尺寸也制定了标准，并建议岩石试件为标准圆柱体，直径不小于 50 mm，试件的高为直径的 2~3 倍，且采样后须在 30 d 内完成试验。岩石的单轴抗压强度试验过程参照《铁路工程岩石试验规程》(TB 10115—2014)，岩石试样采用加工而成的标准圆柱体，开展岩石不同时间饱水后抗压强度试验和自然风干状态下的抗压强度试验。自然风干强度试验尽量保证在天然含水率下进行，饱水试验模拟实际工况中围岩遇水后，强度变化，并绘制全应力-应变曲线图，全应力-应变曲线可以直观表达出岩石在各个阶段过程中的变形特征。岩石经典全应力-应变关系曲线如图 4-2 所示。

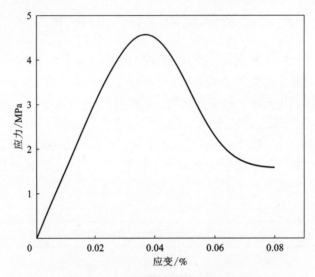

图 4-2　岩石经典全应力-应变曲线图

经典全应力-应变曲线大致分为 4 个阶段，即压密阶段、弹性变形阶段、屈服阶段、塑性破坏阶段。将试件用水浸没后，在饱水后 1 d、5 d、10 d、15 d 后取出，擦净后放置在压载机的铁板中心位置，试验时要考虑试件两端与压载机铁板之间的摩擦力，所以在压载机铁板和试件之间涂抹少许黄油润滑以减小端部的摩擦力并且使试件中间应力受力均匀，然后对岩石试样连续施加轴向荷载使试样发生破坏，当达到最大荷载时加载机停止加压，记录试件在不同饱水时间后的极限破坏荷载 P，并计算饱水后单轴抗压强度 R_w，同时取同一断面岩石试件在自然风干状态下进行上述试验，计算自然风干状态下岩石的单轴抗压强度 R_d，然后计算软化系数 K。软化系数是衡量岩石在遇水后强度变化的重要参数，计算公式如下：

$$R = \frac{P}{A} \tag{4-1}$$

$$K = \frac{R_w}{R_d} \tag{4-2}$$

式中：R 为岩石单轴抗压强度；P 为极限破坏荷载；A 为试件横截面积；K 为软化系数；R_w 为试件饱水后的单轴抗压强度；R_d 为试件在自然风干状态下的单轴抗压强度。

　　试验完成后整理试验数据并计算，最后绘制岩石单轴抗压强度与软化系数变化规律曲线，具体试验结果如表 4-1 所示，曲线图如图 4-3 所示。

表 4-1　不同饱水时间后单轴抗压强度与自然风干状态岩石单轴抗压强度结果

饱水时间	饱水后单轴抗压强度 R_w/MPa	自然风干下单轴抗压强度 R_d/MPa	软化系数 $K(K=R_w/R_d)$
1 d	18.7	20.3	0.92
5 d	17.5	20.3	0.86
10 d	17.3	20.3	0.85
15 d	17.1	20.3	0.84

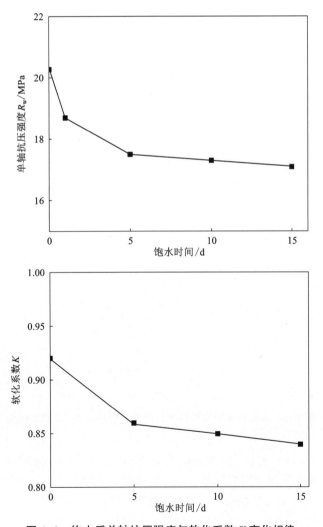

图 4-3　饱水后单轴抗压强度与软化系数 K 变化规律

　　观察试验过程发现，起初岩石试样变形并不明显，因为其内部本身具有一定的缝隙，荷载作用下会使岩石内部致密，当内部的空隙被压实挤密后，试样表面开始出现细微的裂缝，然后裂缝逐步贯通整个试样，最后试件被崩裂，岩石碎片向四面炸开，并伴有一定的响声，这时压缩加载机停止加载，同时试验结束。由试验结果及图4-4分析发现该类凝灰岩不管在自然风干状态还是饱水后，岩石试样单轴抗压强度都不超过21 MPa，在17～21 MPa范围内变化，符合国际岩石力学学会岩石单轴抗压强度不超过25 MPa即可认定该类岩石是软岩的规定。岩石试样随着饱水时间的增加，强度有所下降，反之亦然，这是因为岩石的遇水软化特性。该类凝灰岩在饱水后1 d强度下降幅度最大，在饱水的10 d内，岩石抗压强度有一定程度的下降，但是饱水超过10 d后强度几乎是不变的，可以认为该类凝灰岩在饱水后的10 d已经达到了相对稳定状态，因为其内部的空隙已经被水充满了。由于饱水时间不一样，岩石的软化系数均在0.84～0.92变化，可以发现该类凝灰岩亲水性并不是很强。通常来说岩石达到峰值应力强度后发生破坏，其承载能力丧失，几近于零，但是这与天然地层中岩石应力峰值强度是不符合的，实际上岩石达到峰值应力强度后只不过内部已经发生破坏，岩石本身还是具有一定的承载能力，并不是降到零。而我们在隧道施工开挖之前，遇到的岩石处于天然地层之中，经过较长的地质年代过程中受到的各种地应力的影响，岩石本身已经受到多次破坏，所以仅仅研究岩石峰值前的强度变化是不够的，研究岩石达到峰值强度并被破坏后的强度也是很有必要的。

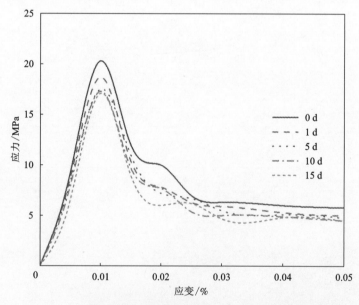

图4-4　不同饱水时间单轴抗压强度试验全应力-应变曲线图

　　通过观察全应力-应变曲线图，发现凝灰岩在单轴抗压试验过程中经历四个特征阶段，即挤密阶段、弹性变形阶段、屈服阶段，最后发展到完全破坏塑性变形阶段。

　　①挤密阶段。由于法向荷载施加，岩石内部的裂隙节理面被挤密压实，试件体积总体减小，体积减小量并不明显，但是这个阶段岩石试样内部结构并没有受到破坏，这个过程岩石的变形是近似成线性的。

②随着法向荷载的继续增加，岩石处于弹性变形阶段，如果及时卸载，岩石之前发生的变形是可恢复的，应力-应变关系也是近似呈线性关系，内部有轻微的裂隙，但是岩石结构并没有受到大程度的损伤，随着饱水时间的延长，弹性变形阶段变短，因为岩石内部空隙随着饱水时间变长而逐渐被水填满。

③当弹性变形的裂隙积累到一定量后，岩石逐渐发展到屈服阶段，随着裂隙的继续积累，岩石试样会从结构内部的节理软弱面发生破坏。

④随着荷载的继续增加，当岩石达到峰值应力强度后应力-应变曲线迅速回跌，实质上试样内部结构已经发生破坏，继而岩石表面裂隙贯通试样，这时发生的变形已经非常明显了，出现块状破碎断裂面，试样的承载能力迅速下降但还是具有一定的承压能力，这时破坏后岩石的抗压强度称为残余强度。

岩石试样经过不同饱水时间后，发现该类凝灰岩的变形演化规律大致相同，但是峰值应力强度随着饱水时间变长而下降，这是因为水的软化作用；同时发现，饱水时间越长，岩石的残余强度越低，当应变达到一定程度时，残余强度不再变化，可以认为此时的残余强度已经达到了岩石的稳定残余强度。

4.1.2　岩石三轴抗压强度试验

岩土处于天然围岩地层中，受到三向地应力的作用；如果仅仅用单轴抗压强度试验结果来描述岩体的强度是不够准确的，所以进行三轴抗压强度试验是很有必要的，室内岩石三轴抗压强度试验根据其加载方式不同，分为真三轴试验和常规三轴试验。由于真三轴试验设备和制作试件的成本昂贵，因此本书研究工作进行常规三轴抗压试验，本次试验按照国际岩石力学学会标准，将采样岩芯通过切割机打磨成直径为 50 mm 和高 100 mm 的标准圆柱形试件，试验加载设备采用全自动岩石三轴伺服机，该设备可以较高精确度地控制加载过程中的围压和偏压，试验过程中可全自动补偿各项压力，计算机全程记录各项数据，从而保证了试验过程中数据采集的及时性和有效性。利用计算机软件将试验数据结果绘制成全应力-应变曲线，可以较直观地观察试样在各阶段的实时动态变化规律，三轴抗压试验使岩石试样不仅受到轴向压力 σ_1 还受到侧向压应力 σ_2 和 σ_3 作用，侧向压应力由液压油缸施加，并均匀施加到试件中。三轴抗压强度试验轴向压力 σ_1 的施加方式与单轴抗压强度试验施加方式是类似的，由于侧向压应力的存在，所以试件底部的端部效应基本可以忽略不计。为了探讨不同饱水时间和不同围压情况对凝灰岩抗压强度的影响，将同一断面试件分别在饱水 1 d、5 d、10 d、15 d 后取出，并施加不同围压进行三轴试验，围压等级以 2 MPa 为起始值，每次增加 2 MPa，分别施加为 2 MPa、4 MPa、6 MPa 3 个围压等级，比较同一饱水情况下，不同围压下该类凝灰岩的三轴抗压强度，模拟隧道围岩遇水后强度的演化规律。具体试验步骤如下：

①用毛巾将试件表面的水擦净后放入压力室内，用胶水把试件与小垫块之间的缝隙填满后，倒入液压油后关闭压力室。

②调整位移计的初始位置，采用应力控制的方法，尽量保证试验过程中围压为常数，并且要求 σ_2 与 σ_3 相等，当围压达到预定值后，使其稳定半分钟再施加轴向荷载直至试件破坏并及时记录，试验具体结果如表 4-2、图 4-5 所示。

表 4-2　不同饱水时间与不同围压下的凝灰岩三轴抗压强度　　　　单位：MPa

饱水时间/d		0	1	5	10	15
围压/MPa	2	23.9	22.1	20.7	19.8	19.5
	4	29.1	27.9	26.4	25.1	24.9
	6	36.7	34.5	33.1	31.5	31.2

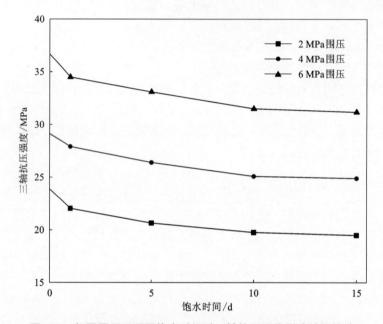

图 4-5　相同围压下不同饱水时间对三轴抗压强度影响的规律图

由图 4-5 可知，该类凝灰岩三轴抗压强度会比单轴抗压强度更高，随着围压的增大，同时正向应力的提高使岩石内部的摩擦力增大，摩擦力的作用似乎"阻止"了岩石发生破坏，所以需要持续增加正应力才能使岩石发生破坏，这样使围压与岩石抗压强度成正比，即围压增大，岩石的三轴抗压强度增加。

试验加载初期，应力增加较快，应变变化较慢，这个过程应力-应变曲线呈近似线性关系，岩石处于弹性变形阶段。随着正应力继续增加，岩石内部的软弱面开始发生破坏，当破坏量积累到了一定程度，岩石从弹性变形转为塑性变形，两个变形分界点成为屈服点。从图 4-6 可知，全应力-应变曲线到达屈服点后，随即岩石进入了塑性屈服阶段。进入这个阶段后，之前的微破坏已经发生质的改变，岩石的体积由压实挤密转为扩大，然后达到峰值强度。岩石承载能力到达峰值强度后，试件表面已经出现了较明显的破坏裂缝，应力-应变曲线有一定程度的回跌，然后逐渐趋近水平，应变增加，试件破坏情况更明显，但是应力似乎保持不变，这时岩石的强度称为残余强度。对比单轴强度试验，发现三轴抗压强度试验岩石的残余强度与峰值强度相差不大，但残余强度与围压有较好的线性关系，即围压大，残余强度大。不同饱水时间后不同围压下岩石的全应力-应变曲线如图 4-7 所示。

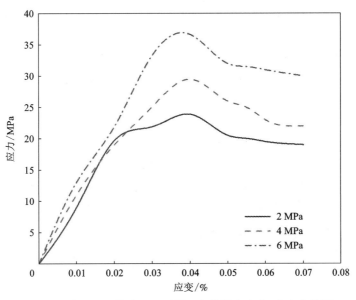

图 4-6　自然风干状态下不同围压条件的全应力-应变曲线图

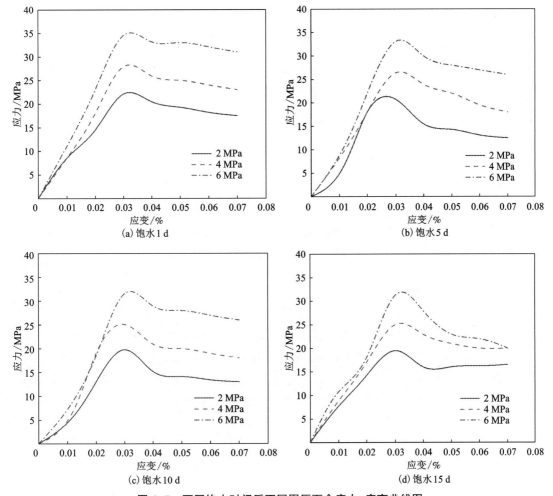

图 4-7　不同饱水时间后不同围压下全应力-应变曲线图

如图 4-7 所示,饱水后的凝灰岩的变形演化规律与自然风干状态下的规律大致类似,但是可以看出随着饱水时间延长,岩石的峰值强度和残余强度均有一定程度的衰减,这表现为水对岩石的软化作用。到了第 10 d 以后峰值强度几乎不再下降,这与单轴抗压强度试验得出的结论基本吻合。国内外对单轴抗压强度试验的软化系数研究较多,但是对三轴试验岩石的软化系数研究较少。就围压变化和三轴试验强度的软化系数变化趋势而言,围压大小与三轴峰值应力强度软化系数呈正相关,即围压增加,三轴峰值强度的软化系数有增大的趋势。这与熊德国的研究结论基本一致。值得注意的是,围压大小对残余强度的影响随着饱水时间变长反而变小,而且发现试样在同一饱水时间后,高围压条件下的残余强度会比低围压条件下的残余强度更难趋于稳态。在饱水后 15 d,不同的围压条件下的残余强度很接近,这需要进一步研究其内在原因。

4.1.3 岩石力学强度参数与饱水时间关系

基于摩尔-库仑强度准则,采用线性回归分析的方法计算强度参数内摩擦角 φ 和黏聚力 C,利用最小二乘法对数据进行拟合。在一元线性回归计算中,可以用函数 $y = ax + b$,通过试验数据来计算参数 a 和 b,用最小二乘法得到估计量。

$$\delta = \sum_{i=1}^{n} (y_i - bx_i - a)^2 \tag{4-3}$$

参数 a、b 可以表示为

$$b = \frac{n \sum_{i=1}^{n} x_i y_i - \sum_{i=1}^{n} x_i \sum_{i=1}^{n} y_i}{n \sum_{i=1}^{n} x_i^2 - \left(\sum_{i=1}^{n} x_i\right)^2} \tag{4-4}$$

$$a = \frac{\sum_{i=1}^{n} x_i - b \sum_{i=1}^{n} y_i}{n} \tag{4-5}$$

绘制并拟合不同饱水时间后的围压-正应力关系曲线(以自然风干状态、饱水 1 d、饱水 10 d 为例),如图 4-8 所示,并按下式计算:

$$C = \frac{\sigma_c (1 - \sin \varphi)}{2\cos \varphi} \tag{4-6}$$

$$\varphi = \arcsin \frac{k - 1}{k + 1} \tag{4-7}$$

式中:σ_c 为拟合直线与纵坐标轴的截距;k 为拟合后直线的斜率。

根据上述公式,其中未饱水状态下的拟合方程是 $y = 3.2x + 17.1$,$R^2 = 0.968$;饱水 1 d 的拟合方程是 $y = 3.1x + 15.8$,$R^2 = 0.968$;饱水 10 d 的拟合方程是 $y = 2.925x + 13.8$,$R^2 = 0.971$。将不同饱水时间后的岩石强度参数 C/φ 值求出,如表 4-3 所示。

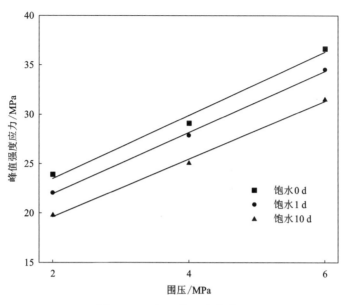

图 4-8　C 与 φ 值拟合直线图

表 4-3　不同饱水时间岩石的强度参数

饱水时间/d	C/MPa	φ/(°)
0	4.8	31.5
1	4.5	30.7
5	4.3	30.9
10	4.0	29.2
15	3.8	30.1

由表 4-3 可知，试验数据拟合程度较好，说明通过试验结果所计算的强度参数参考价值较高。试验结果表明，该类凝灰岩内摩擦角在 30°附近，随着饱水时间的延长，内摩擦角并无太大变化，但是黏聚力随着饱水时间的变长有一定程度的衰减，这是因为内摩擦角是岩石的摩擦因数，摩擦因数是岩石的材料参数，不会受到外界的水化作用影响，而黏聚力是岩石的结构参数，会因为外界的水化作用而有一定程度的衰减。

岩石的弹性模量定义为岩石在弹性变形阶段，应力与应变的比例系数，通常认为应力-应变曲线的切线斜率为岩石的弹性模量，但是由于应力-应变曲线切线的斜率一直在变化，所以取应力-应变曲线切线斜率最大值为该岩石的弹性模量，一般用 E 表示。利用弹性阶段应力-应变曲线求得每一点切线的斜率并记录，结果如表 4-4 所示。

表 4-4　不同饱水时间与不同围压下岩石的弹性模量　　　　　　　单位：MPa

围压/MPa ＼ 饱水时间/d	0	1	5	10	15
0	1.30	1.15	1.22	1.24	1.39
2	1.43	1.36	1.52	1.49	1.42
4	1.73	1.59	1.88	1.68	1.34
6	1.88	1.74	2.02	1.99	1.86

为了探讨同一饱水时间下，不同围压对弹性模量的影响，绘制出相同饱水时间后不同围压对弹性模量影响的曲线图，如图 4-9 所示。

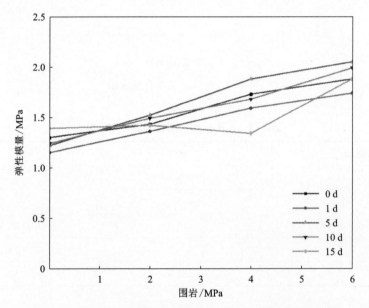

图 4-9　相同饱水时间后不同围压对弹性模量影响的曲线图

弹性模量是材料的一个非常重要的力学参数，它代表材料抵抗弹性变形的能力，弹性模量越大，需要使材料发生弹性变形的应力也越大，材料的刚度也越大，且两者成正比关系，即 $\sigma = E\varepsilon$。

由图 4-9 可知，控制同一饱水时间后，围压与弹性模量呈较好的线性递增关系，即围压增大，弹性模量变大，这是因为围压增大也增加了限制试样横向变形的能力，以及增加了试样内部颗粒间的摩擦力，要使试样发生变形，就要施加更大的应力，从而使弹性模量变大；而在控制同一围压不变的情况下，不同饱水时间后的弹性模量没有较好的线性变化规律，拟合性较差而且有波动现象，即水化作用对该类凝灰岩弹性模量影响并不明显。

4.1.4　小结

本节通过室内试验掌握了隧道围岩的强度参数，室内试验结果为后续数值建模中计算参数的选取提供了一定的参考。将室内试验与数值模型紧密联系，具体成果如下：

①开展不同围压与不同饱水时间后的三轴抗压强度试验，水化作用下会对岩石发生系列的物理化学作用，亦会对岩石的力学强度参数产生一定程度的影响。试验结果表明该类凝灰岩在饱水后强度有一定程度下降，这表现为岩石遇水软化现象，在饱水后第 1 d 强度衰减明显，饱水后第 10 d 基本达到了稳定饱和状态，继续延长饱水时间对该类凝灰岩的抗压强度影响并不显著。

②同一饱水时间下，三轴抗压强度与围压有较好的线性递增关系，即围压增加，峰值强度变大，同时残余强度也随围压的增加而变大，不过需要注意的是三轴抗压试验的残余强度与峰值强度差距不大，但是单轴抗压强度试验的峰值强度与残余强度差距较大。

③随着饱水时间的延长，试样的内摩擦角变化不显著，最大降幅仅为 7.3%，而黏聚力随饱水时间的延长逐渐下降，最大降幅达到 20.8%。在控制饱水时间相同的条件下，增大对应的各级围压，试样的弹性模量变大；当控制围压相同时，饱水时间的延长对试样的弹性模量影响较小。

产生上述现象的原因可以认为是水分逐渐渗透进岩石的内部孔隙，一定程度上降低了岩石颗粒之间的摩擦力。岩石在饱水后表现为水的软化作用，从而使岩石的强度下降；水同时是一种溶解剂，对岩石的矿物成分有溶解膨胀作用，这也导致岩石的强度下降。

▶ 4.2　隧道支护设计简介

4.2.1　工程地质概况

隧址区位于中低山地区，隧道穿越山体陡峻，流水侵蚀严重，地形起伏较大，自然坡度为 30°~40°，局部 45°~55°，植被发育茂盛，主要为果树及灌木丛；隧址区最大标高为 864.143 m，隧道起讫里程为 DK194+196~DK201+553，全长 7357 m，双线单洞。隧道最大埋深约 469.31 m。拟建隧道设有 1 条斜井，斜井与正线相交里程为 DK196+700，位于线路右侧，长度为 316.53 m，最大埋深约 183 m，斜井出口附近植被较发育。隧道进出口均在乡道附近，交通便利。

该隧道环境条件复杂，DK195+500 下穿县级公路，且该处左右侧都分布有当地居民房屋；DK196+350 附近线路下穿一段公路及当地居民房屋；DK196+150 段还分布采石场、水塘及农田，环境复杂、同时线路 DK197+600~DK198+800 左侧约 900 m 有大型水库。

1. 气象

隧道隧址区地处南江流域，属亚热带季风气候，当地常年雨量充沛，四季气候分明，每年 3 月—5 月为梅雨季节，持续时间较长，到了 7 月—8 月则受到台风的影响，有集中性暴雨，降雨强度大，时间较集中，容易短时间内形成洪水等气候灾害。隧道施工设计应编制雨水期专项方案，而且注意加强防排水措施。

2. 水系

水系分为地下水和地表水。隧址区内地表水水系较为发育，附近有多条沟渠小溪，线路 DK197+600～DK198+800 段左侧 900 m 左右为源头水库，与其顺行，长约 1200 m，宽约 150 m。其中 DK196+300～DK196+500 线路右侧约 1875 m 地表附近为日月潭水库，库容约 29.8 万 m³，坝顶标高为 397 m，路肩标高为 370 m，水库坝顶标高高于线路路肩高程约 27 m，该水库对隧道涌水影响很小。DK197+400～DK197+600 线路右侧约 1400 m 地表附近为西华坑水库，水库库容约为 68.4 万 m³，坝顶标高为 467 m，该水库与隧道线路相距较远，且无沟谷相连，对隧道涌水影响很小。DK197+600～DK198+800 线路左侧约 900 m 地表附近为源头水库，水库常年有水，水量丰富，库容约为 208.9 万 m³，坝顶标高为 503 m，路肩标高为 385 m，水库坝顶标高高于线路路肩高程约 118 m。该水库与隧道断层 F3、F4 可能存在水力联系，这些断层带在施工过程中可能会有涌水、流砂等风险，施工时应加强监测及超前地质预报工作，并做好防排水措施。隧道区地下水类型主要为基岩裂隙水和构造裂隙水，受到大气自然降水影响，并流向山谷低洼处，在钻探过程中，同时进行取水采样工作。

3.水文试验及渗透系数的计算

（1）Jz-Ⅳ-195300、Jz-Ⅲ-195560、Jz-Ⅲ-195980 孔抽水试验

根据 Jz-Ⅳ-195300、Jz-Ⅲ-195560、Jz-Ⅲ-195980 孔抽水试验结果，计算渗透系数。

根据隧道抽水试验，计算钻孔实际涌水量与单位涌水量，判别该地层内的渗透系数、含水层厚度，并预测隧道掌子面前方的涌水量、涌水的影响半径，为施工阶段提供排水方案，清楚了解地表水、地下水及不同含水层之间的水力联系。试验结果与计算成果如表 4-5 所示。

表 4-5　隧道抽水试验孔渗透系数计算表

| 孔号 | 孔深 /m | 岩性 | 含水层顶底板深度 /m | 抽水试验 | | | | 影响半径 /m | 渗透系数 /(cm·s⁻¹) |
				钻孔半径 /m	涌水量 Q /(m³·d⁻¹)	含水层厚度/m	水位降深/m		
Jz-Ⅳ-195300	40.5	凝灰质砂岩	26～28.8	0.45	12.5	3.1	2.4	7	$1×10^{-4}$
Jz-Ⅲ-195560	28.1	凝灰质砂岩	13.5～28	0.45	28.9	15.82	5.2	16	$1.5×10^{-4}$
					48.7		9.8	36	$1.7×10^{-4}$
Jz-Ⅲ-195980	65.1	凝灰质砂岩	3～65.14	0.45	9.2	58.78	9.4	22	$0.7×10^{-4}$
					17.8		16	37	$0.6×10^{-4}$
渗透系数平均值									$1.1×10^{-4}$

根据上述水文地质试验成果，依据《铁路工程水文地质勘察规范》中的岩体渗透性分级表可知该处渗透等级为弱透水。

（2）涌水量的计算

地下水的补给来源主要为大气自然降水，其补给量大小受当地降水量、降水持续时间、地形及地表节理裂隙的发育程度控制。根据当地自然气候和地理环境，按照《铁路工

程水文地质勘察规范》附录 B，结合工作经验，现采用降水入渗法求取各富水地段涌水量。计算结果如表 4-6 所示。

表 4-6　隧道正洞洞身涌水量计算表（降水入渗法）

项目名称	参数				正常涌水量 /(m³·d⁻¹)	最大涌水量 /(m³·d⁻¹)	正常单位涌水量 /(m³·d⁻¹)	最大单位涌水量 /(m³·d⁻¹)
	入渗系数 a	汇水面积 /km²	正常降水量 /mm	最大降水量 /mm				
进口浅埋段及断层 F1 DK195+196~DK195+730	0.25	2.5	1589	2085	3125.1	3866.2	5.15	6.32
断层 F2、节理密集带 DK195+730~DK196+340	0.25	2.6	1589	2085	2467.5	3088.7	8.34	10.23
浅埋段 DK196+340~DK196+420	0.25	2.2	1589	2085	2251.2	2785.6	5.21	6.45

通过对隧道进行抽水试验和断层涌水计算可知，隧道选址地段富水程度较高，但是发现该类凝灰岩透水性不强，在后续施工开挖阶段考虑地表水和地下水对围岩变形的影响。

4. 地层岩性

通过地质钻探与实地踏勘，发现隧址区及附近出露的地层岩性主要为第四系人工填土（Q_4^{ml}）、第四系全新统冲洪积层（Q_4^{al+pl}）、第四系残坡积层（Q^{el+dl}）、白垩系下统（K_1c）凝灰质砂岩，含炭质粉砂质灰岩、凝灰岩、侏罗系上统（J_3^{c-1}）凝灰岩，具体土层信息如下：

①人工填土：褐黄色，土质较松散，稍湿，主要成分为黏性土，夹强风化碎块，厚 0.8~22 m，主要分布里程为 DK195+196~DK195+372、DK195+424~DK195+500。

②粉质黏土：灰黄色，硬塑状态，厚 3~4 m；下部为碎卵石层，灰黄色，饱和状态，中密，厚 2~4 m，主要分布于隧址区内的山间冲洪积沟谷地带。

③凝灰质砂岩岩性以褐灰色~褐黑色凝灰质砂岩为主，局部含炭质粉砂质灰岩，偶夹凝灰岩。全风化（W_4），黄褐色，厚度为 0~6.3 m；强风化（W_3），灰褐色、紫灰色，厚度为 1.8~25.3 m；弱风化（W_2），青灰色、灰色，层状构造，块状结构，厚度大于 10 m，及附近洞身段分布。

④凝灰岩岩性以灰色、青灰色凝灰岩为主，局部含集块角砾及岩屑等。全风化（W_4），黄褐色，厚 2~5 m；强风化（W_3），灰褐色、紫灰色，厚度为 5~10 m；弱风化（W_2），青灰色、灰色，凝灰状结构，块状构造，厚度大于 10 m。

5. 地质构造

通过物探和钻探探明该隧道共存在断层 6 条，断层编号为"F1"~"F6"。断层 F1 于地表（DK195+620）附近通过，断层倾向大里程，带宽约 10 m，构造带内岩体破碎，成碎块、砂土状，构造裂隙水较发育；其他 5 条断层均在隧道内部，厚度达 2~18 m。断层可能导致发生涌水等地质灾害,隧道设计应该加强支护及排水措施;隧道附近有大型水库,还应该考虑地下水与地表水的联系。

隧道节理密集带通过 EH-4 解译成果共探明有 7 条,揭示附近电阻率呈低阻异常,推断岩体节理裂隙发育,岩体破碎,地下水为构造裂隙水,较发育,富水性较好,围岩稳定性较差,顺沟谷走向,所以隧道设计时应加强支护措施。

4.2.2 设计概述

隧道边坡采用永久边坡坡面防护,土质边坡喷射混凝土骨架防护,骨架间植入草木,保证边坡的美观和防止雨水冲刷导致水土流失。"人"字形骨架间距 3.5 m,石质边坡要求保证开挖平整,采用 M15 浆砌片石嵌补缝隙。洞口段永久仰坡采用锚网喷防护:喷射厚 15 cm 的 C30 混凝土;锚杆采用 ϕ25 mm 砂浆锚杆,每根长 2.5 m,间距 1.2 m×1.2 m;钢筋网采用直径 ϕ15 mm 的钢筋,网格间距 30 cm×30 cm。洞口开挖时应自上而下分层开挖,严禁掏底开挖或上下重叠开挖,结合正洞开挖方法,预留进洞台阶,形成进洞面及边仰坡。在洞口开挖时要及时对坡面进行防护,施工过程中应按规定进行监控量测工作,并应加强对坡面的监测,使开挖后的坡面稳定、平整、美观。

1.暗洞开挖工序

该隧道 Ⅴ 级围岩采用台阶法加临时仰拱施工方法。隧道由于地质条件复杂,采用上下台阶法加临时仰拱方法施工,爆破均采用光面爆破的方法,炮眼布置图见图 4-10。

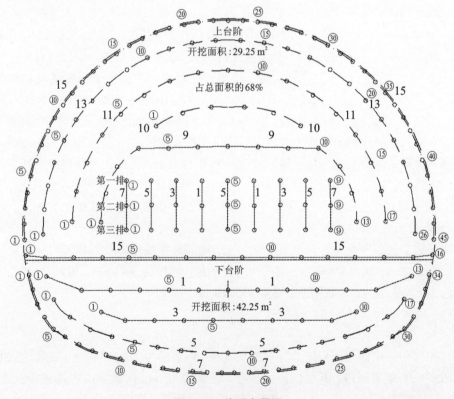

图 4-10 炮眼布置图

开挖掌子面上台阶，随即施作上台阶初支，即初喷 5 cm 厚混凝土，铺设钢筋网，钻设施加径向锚杆后复喷混凝土至设计厚度；开挖下台阶与开挖上台阶是一样的工序，立即浇筑仰拱及边墙基础，仰拱必须连续完整整幅浇筑，待仰拱混凝土初凝后浇筑仰拱填充至设计标高。隧道施工应坚持"弱爆破、短进尺、早封闭、勤量测"的原则，根据围岩地层情况合理确定台阶高度，从而保证围岩稳定性，一般应不超过 1 倍的洞径，台阶高度应根据地质条件与隧道断面大小而定，其中上台阶高度以 2~2.5 m 为宜，如果穿越破碎带等岩性较差围岩，应该降低台阶高度，采用超短台阶法开挖以保证施工安全。

2. 隧道支护设计概述

前期的勘察阶段发现该隧道地质条件复杂，所以在开挖前应该进行超前支护。开挖后支护分为初期支护和二次衬砌，隧道的初支紧随隧道开挖而进行施作，初支由钢筋网、喷射混凝土、锚杆组成，初支应该尽早封闭成环以保证围岩稳定。隧道二次衬砌施作需要考虑围岩条件而进行优化调整，部分学者研究，对于岩性完整性较好的 II 级和 III 级围岩，二衬并不是必须施作的，可以根据现场围岩条件只施作锚喷或者单层喷混；而对于岩性完整性较差的 IV 级和 V 级围岩则必须施作二衬以保证围岩的稳定性，二衬应该在围岩与初支变形规律趋于稳定，监控量测数据表明净空收敛与拱顶沉降变化减缓后进行施作。仰拱施工应超前于拱墙二次衬砌施工，并尽量紧随掌子面，III、IV、V 级围岩施工时，仰拱距掌子面的距离不超过 50 m、45 m、40 m，仰拱及填充应分开浇筑，且应分段整体浇筑，严禁半幅施工，确保仰拱及底部的施工质量。隧道开挖过程中遇到浅埋地段、断层破碎带时，由于地质条件较差，容易引起施工塌方，所以在施工过程中应该注意以下几点：

①先排水，由于水的软化作用会进一步降低围岩的强度，所以应该先将水排出隧道。

②管超前，严注浆，施作超前支护，通过注浆保证围岩稳定后再进行开挖。

③短开挖，降低台阶的长度与高度，必要时采用超短台阶法控制进尺和改为三台阶法爆破法施工。

④强支护，增长喷混层厚度，并尽早使其封闭成环。

⑤勤量测，必要时加密监控量测频率，通过量测数据掌握围岩变形的规律。

▶ 4.3　监测结果与回归分析

4.3.1　监测实测数据分析

根据新奥法原则，在隧道开挖过程中坚持"少扰动，强支护，早封闭，勤量测"原则。在隧道施工过程中，由于开挖隧道岩体会使围岩产生扰动，未支护的情况下围岩会产生较大变形，如果围岩变形过大超出其允许的承受范围，将导致塌方等不良施工事故，所以在隧道开挖后应及时进行支护，以有效控制围岩位移变形。依据相关规范，本节只对隧道的必测项目进行研究分析，具体监测项目如表 4-7 所示。

表 4-7　隧道监测项目

分类	监测项目	监测设备
必测项目	洞内外观察	索尼 apc600 数码相机
	地表沉降	诺康 DS06 精密水准仪
	拱顶沉降	诺康 DS06 精密水准仪
	净空收敛	达普 JSS-08 收敛仪、钢卷尺

如图 4-11 所示是隧道拱顶竖向位移-时间关系曲线。

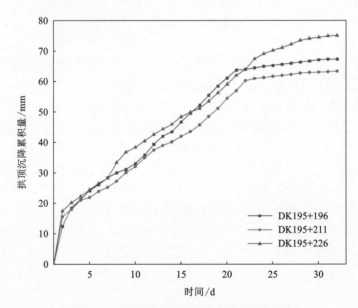

图 4-11　隧道拱顶竖向位移-时间关系曲线

拱顶沉降监控量测工作共计 32 d 完成，通过拱顶沉降与时间关系规律曲线发现，隧道开挖后在较长的时间内持续较大变形速率，这是因为 DK195+196~DK195+226 里程段为 V 级围岩且附近有破碎带。三个断面第 1 d 沉降 12~18 mm，但是初期支护的施作使拱顶沉降速率有较明显的减小；三个断面在开挖后前 23 d 内拱顶沉降速率较大，约为 3 mm/d，随后的沉降速率相对于前期有所减小，这也是因为开挖的掌子面距离监测面越来越远，则扰动影响越小；三个监测断面拱顶沉降量最大的是 DK195+226 断面，最终沉降量达到了 −75.2 mm，因为在开挖该隧道掌子面后遇雨季，降雨的入渗导致沉降比另外两个断面沉降稍大。围岩拱顶沉降从开挖到趋于稳定状态大概需要 25 d 时间，在开挖过程中，发现围岩以强风化凝灰岩为主，有一定渗水现象，主要是地表水渗入，岩质稳定性较差且初喷拱顶混凝土有脱落现象。

隧道净空收敛-时间关系曲线如图 4-12 所示。

净空收敛监测工作共计 25 d 完成，通过对比分析可知，同一监测断面上台阶净空收敛量明显大于下台阶净空收敛量。现场监测数据表明，净空收敛在开挖后的 18 d 内表现为

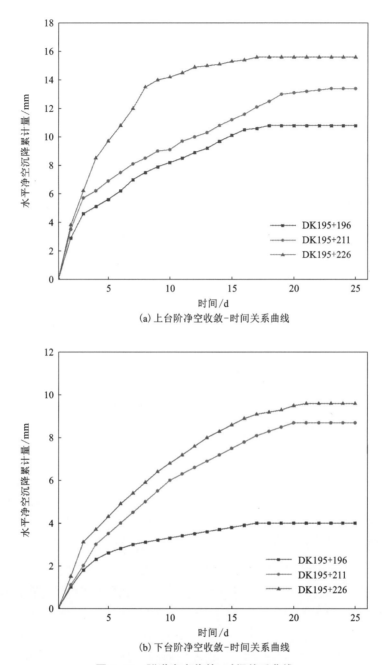

(a) 上台阶净空收敛-时间关系曲线

(b) 下台阶净空收敛-时间关系曲线

图 4-12　隧道净空收敛-时间关系曲线

变化速率快、变形量大，监测 18 d 后净空收敛演化规律趋于稳定状态，在里程 DK195+196～DK195+220 段掌子面节理发育，层理明显，有渗水。不管是上台阶还是下台阶，DK195+226 监测断面沉降量最大，与拱顶沉降原因相同，是因为开挖该断面遇到浙江地区雨季，所以沉降稍大于其他监测断面。该里程段地质描述表现为强风化凝灰岩，有层状且倾斜的节理带，节理带间隙有地下水入渗，部分节理带与层理间以凝灰质砂岩填充，地下水从砂岩间隙形成线状水滴，在间隙间有直径 5~15 cm 的岩块易脱落，虽然采用了较强的支护（30 cm 喷混，I20 钢架 0.5~0.75 m/榀），但仍产生较大的变形，最后采用了复喷混，加密钢拱架钢筋间距，才使初支变形得到了很好的控制。

地表沉降监测选择隧道进口浅埋段进行统计分析，所以选择 DK195+181 断面，每个监测断面有 7 个测点，具体现场测点布置图前面已经描述，这里不重复，监测结果如图 4-13 所示。

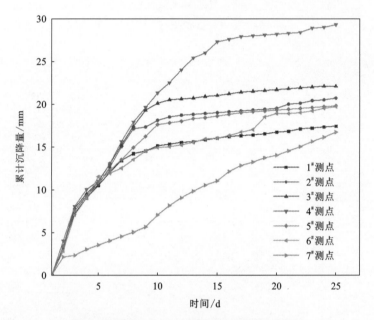

图 4-13　DK195+181 地表沉降-时间关系曲线

地表监测结果表明，监测断面隧道中心线左右两侧的 3 个测点距离隧道中心线越远，其地表沉降影响越小。在开挖监测的 15 d 内，隧道中心线正上方测点变形呈较好的线性递增关系，平均每天沉降 1.8 mm，在第 15 d 后该测点的沉降速率明显减缓，变化规律逐渐趋近水平稳定状态，结束监测工作后最终沉降量达到-28.2 mm；同时发现左右两侧 5 个测点变形规律基本一致，但是 7# 测点由于距离隧道开挖围岩稍大于其他测点，所以沉降速率与最终沉降量会相比其他测点更小。通过对上述富水环境下软弱围岩段开挖成毛洞的围岩收敛变形特征进行分析，得到以下结论：

①在围岩开挖的动态演化过程中，岩体的本构关系随着时间与应力不断发生变化，也就是说岩体的特性会受到时间与应力变化的影响，反过来说时间与应力也会改变岩体的特性，二者相互影响，相互制约，其具体表现在围岩的变形上，最终使围岩趋于二次稳定状态。

②隧道在开挖后，岩体较为破碎，围岩本身不能发挥其自稳能力，导致爆破后围岩的变形速率较大，主要变形较大体现在开挖形成的塑性区，同时监测结果表明围岩的竖向沉降量要比水平收敛量大，说明竖向岩体在开挖后具有较大的应力场，所以应提高竖向支护措施的强度。

4.3.2　监测数据回归分析

由于监控量测工作和监测现场的复杂性，会导致监控量测数据有一定的离散性，所以以监测数据为基础，选择合理的函数对数据进行回归分析计算。回归分析手段是试验中处理数据最常用的方法，通过回归分析曲线与现场实测曲线对比，预测最终沉降量，并求出回归分析系数 R，R 越接近 1，表示拟合程度越高。目前常见的拟合函数有以下几种。

对数函数：

$$y = a + b\ln(1 + t) \qquad (4-8)$$

双曲线函数：

$$y = \frac{t}{a} + bt \qquad (4-9)$$

指数函数：

$$y = ae^{-\frac{b}{t}} \qquad (4-10)$$

式中：y 为沉降值，mm；t 为监测时间；a 与 b 为回归参数。

选择断面 DK195+196 监测数据进行回归分析，比选三种函数，发现回归拟合最优函数为对数函数，结果如下：

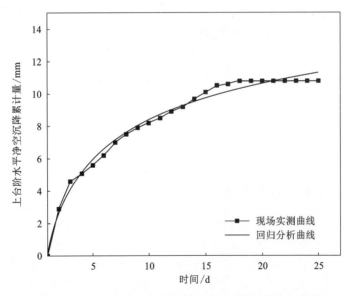

图 4-14　DK195+196 上台阶净空收敛规律回归分析曲线

若 $R^2 = 0.975$，回归分析函数 $u = -12.75 + \ln(1 - 0.32t)$。

若 $R^2 = 0.985$，回归分析函数 $u = -14.75 + \ln(1 - 0.52t)$。

通过回归分析，发现净空收敛曲线拟合程度较高，并通过计算在自变量时间 t 趋于无穷，上台阶净空收敛最终预测沉降量为 -12.75 mm，现场实测为 -10.8 mm，下台阶净空收敛最终预测沉降量为 -4.75 mm，现场实测为 -4.2 mm，结果表明实测值与回归分析预测值有一定误差但是误差在合理范围内，这也充分说明回归分析手段对试验数据分析的成果具

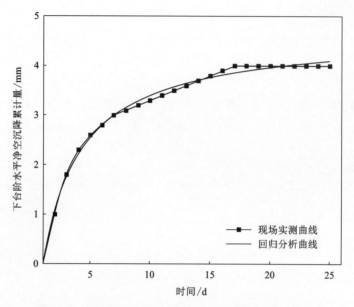

图 4-15 DK195+196 下台阶净空收敛规律回归分析曲线

有较强的说服力,同时这一方法也是最简单实用的。根据《铁路隧道监控量测技术规程》,周围沉降速率小于 0.2 mm/d,可判定围岩初期支护结构已经达到了稳定状态。

▶ 4.4 软岩隧道围岩饱水后数值模拟分析

本节主要运用有限单元软件 Midas 模拟隧道开挖及支护过程,建立上下台阶开挖工法隧道数值模型,分析隧道在不同工况下软岩隧道围岩位移和应力变化规律,可为类似隧道穿越破碎带围岩工程提供参考。

4.4.1 有限元数值模型和参数

对隧道围岩模拟开挖,模型选取里程 DK195+196~DK195+266 区间段,开挖长度共计 70 m,锚杆为直径 0.025 m 的实心圆,锚杆长 3 m,喷混层厚度为 0.25 m。施工工序为先开挖上台阶,下一步开挖下台阶,滞后一步开挖第二个断面上台阶,同时对前一个断面施作喷混和打入锚杆,每次进尺 2 m,循环进尺,模型共计 41 步完成。根据前期室内试验结果发现,该类凝灰岩在饱水后第 1 d 强度衰减最明显,到了第 10 d 基本不再下降,通过调整模型中材料参数来实现模拟计算围岩遇水后的第 1 d 和第 10 d 的围岩变形规律,相关材料参数如表 4-8 和表 4-9 所示,隧道整体模型如图 4-16 所示。

表 4-8　饱水后 1 d 材料参数

材料	容重 $\gamma/(kN \cdot m^{-3})$	弹性模量/GPa	泊松比 μ	摩擦角 $\varphi/(°)$	黏聚力 C/MPa
粉质黏土	18	0.02	0.25	25	0.02
全风化凝灰岩	22	0.1	0.28	28	3
强风化凝灰岩	22	1.15	0.3	30.7	4.5
锚杆	75	350	—	—	—
喷混	20	22	—	—	—

表 4-9　饱水后 10 d 材料参数

材料	容重 $\gamma/(kN \cdot m^{-3})$	弹性模量/GPa	泊松比 μ	摩擦角 $\varphi/(°)$	黏聚力 C/MPa
粉质黏土	18	0.02	0.25	25	0.02
全风化凝灰岩	22	0.1	0.28	28	3
强风化凝灰岩	22	1.24	0.3	29.2	4
锚杆	75	350	—	—	—
喷混	20	22	—	—	—

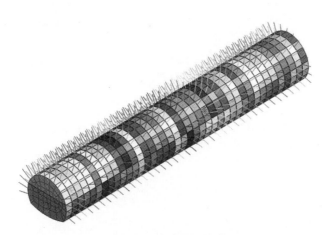

图 4-16　隧道整体模型

4.4.2　围岩饱水后 1 d 与 10 d 数值模拟位移结果对比分析

选取桩号 DK195+196 的地表沉降监测模拟结果进行分析，在软件中选取隧道节点模拟实际监测点，分别选取隧道设计中心线正上方节点，距离隧道中心线左侧 30 m、20 m、10 m 以及距离隧道中心线右侧 30 m、20 m、10 m 的节点。由于模型节点完全对称，距离相等的左右两侧测点沉降变化规律重合，如图 4-17，但是这与现场监测是有一定的差异性的。

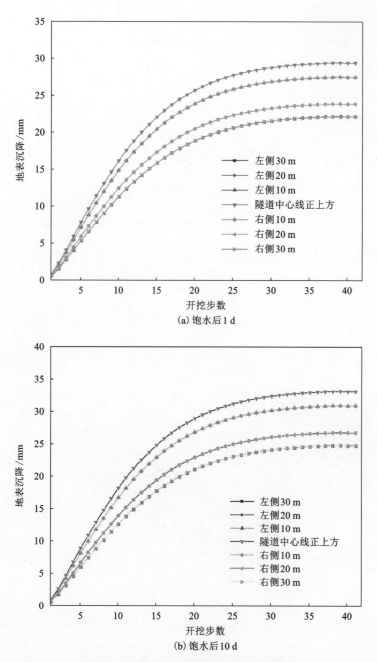

图 4-17 隧道进口地表沉降变化规律图

通过图 4-17 模型计算结果发现，隧道中心线正上方的地表监测点在饱水后 1 d 的最大沉降达到了-29.5 mm，隧道的前 13 步开挖，也就是开挖掌子面距离监测断面的 26 m 范围内，地表沉降与开挖步数呈现较好的线性递增规律，且沉降变化率较快；但是在开挖的第 13 步到第 30 步之间，地表沉降速率有所下降；第 30 步后的开挖施工，对掌子面后方的地表沉降几乎无太大影响，基本达到了稳定的状态。可以理解为开挖 60 m 内的围岩对隧道地表沉降有影响,主要在 26 m 内影响较大,超出 60 m 范围的施工开挖对地表影响较小。同时模拟围岩饱水后 10 d 的隧道开挖,饱水后 1 d 与饱水后 10 d 的围岩两者总体变形规律基本一致,但是由于围岩饱水时间变长的原因,饱水后 10 d 的隧道中心线正上方地表测点沉降最大达到了-35.5 mm,这是因为围岩饱水后强度有所衰减,同时发现距离隧道中心越远的地表监测点沉降影响越小。

选取桩号 DK195+196、DK195+211、DK195+226 的拱顶沉降测点,每隔 15 m 选取一个测点,在软件选取该位置的节点,监测结果如图 4-18 所示。

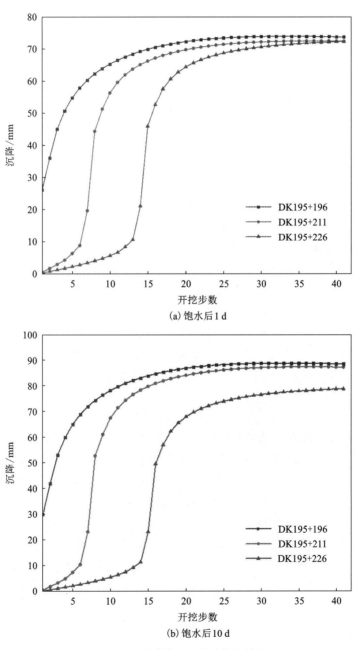

(a) 饱水后 1 d

(b) 饱水后 10 d

图 4-18　隧道拱顶沉降变化规律图

围岩饱水后 1 d 计算结果表明隧道在开挖测点 DK195+196 的第 1 步，即开挖上台阶未支护的情况下拱顶沉降量最大，达到了 -25.6 mm，隧道继续开挖，由于初期支护的施作，拱顶沉降速率明显减小，前 5 步开挖使拱顶监测测点的拱顶沉降变化速率较快，到了第 21 步开挖后，即开挖掌子面距离监测测点 42 m 处，拱顶的沉降基本达到了稳定状态，最终拱顶沉降达到了 -74 mm，后序施工开挖扰动对掌子面后方的拱顶沉降影响较小；同时发现开挖 DK195+196 断面时，掌子面超前方的另外两个测点有不到 -10 mm 的沉降量，随着掌子面的推进，当开挖面距离第 2 个测点不足 6 m 时，超前方拱顶沉降量急剧增加，说明 6 m 内的开挖扰动会对围岩拱顶产生较大的影响。数值模拟结果表明在饱水后 10 d 与饱水后 1 d 沉降规律趋势基本一致，但是饱水后 10 d 的隧道拱顶沉降达到了 -90 mm，围岩饱水时间的变长，使拱顶沉降多了 16 mm。

选取桩号 DK195+196、DK195+211、DK195+226 上台阶净空收敛测点，净空收敛值指的是测点在随着掌子面推进过程中水平位移的相对变化量，每隔 15 m 选取一个测点，选取数值模型中该里程的对称节点，同时注意选择结果是水平位移变化，由于模型是完全对称的，所以最终净空收敛值是原数据的 2 倍，因为相对位移变化，结果取正数，监测结果如图 4-19 所示。

从图 4-19 模拟结果发现，在开挖的第 1 步，即开挖上台阶且未进行支护的情况下对围岩的净空收敛值影响较大，计算结果表明饱水 1 d 的围岩净空收敛达到 11 mm，而饱水 10 d 的围岩净空收敛达到了 15.2 mm；但是模型开挖到了第 2 步，也就是开挖完下台阶后随即施作喷混和锚杆，净空收敛量明显减小了，随着隧道继续开挖净空收敛量变化不大，呈水平趋势，说明施作初支可以促使围岩进一步稳定，同时发现开挖该隧道，对超前方另外两个测点的水平位移影响很小，不足 2 mm，只有开挖到了该测点的掌子面，净空收敛值才出现较大变化。同时，选取 DK195+196、DK195+211、DK195+226 下台阶净空收敛测点，收敛变化规律如图 4-20 所示。

图 4-20 数值模拟结果表明下台阶净空收敛趋势与上台阶类似，不管是围岩饱水 1 d 还是饱水 10 d，下台阶净空收敛值会比上台阶净空收敛值小，这是因为下台阶围岩在开挖后随即进行了支护措施使掌子面稳定，而上台阶围岩在开挖后未进行及时支护随即开挖下台阶，导致上台阶净空收敛值更大。

隧道完成开挖后围岩水平位移云图如图 4-21 所示。

由图 4-21 发现，隧道岩体被开挖完成后，水平位移变化的影响范围大概是隧道洞径 1.5~2 倍的围岩，超出这个范围的围岩，水平位移影响几乎可以忽略不计，影响最大的围岩范围是隧道 4 个周围角岩体，在施工过程中应该重点加强这部分围岩的支护强度。

隧道开挖完成后围岩竖向位移云图如图 4-22 所示。

由图 4-22 发现，在完成开挖后，对隧道正上方 2~3 倍洞径的围岩竖向沉降会有影响，距离开挖掌子面越近，影响越大，而隧道下方约 1 倍洞径范围内围岩会有竖向位移影响，隧道正上方围岩出现沉降，而隧道正下方围岩出现隆起现象。数值模拟结果表明，围岩饱水后 1 d 总体竖向位移沉降最大达到了 -75 mm，饱水后 10 d 总体竖向位移沉降最大达到了 -90 mm。

将数值模型计算结果与现场实测结果进行对比，结果如表 4-10~表 4-12 所示。

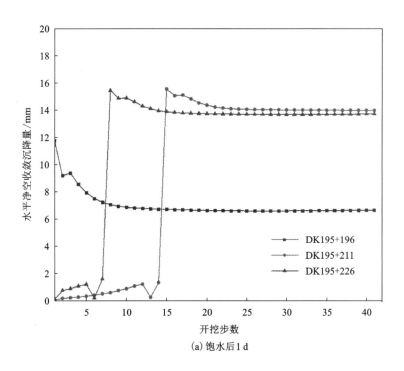

(a) 饱水后 1 d

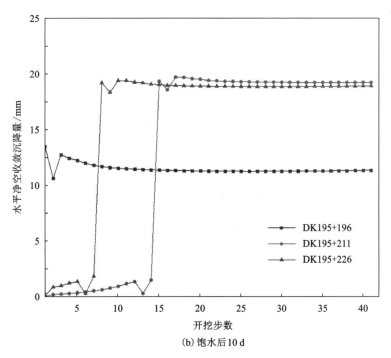

(b) 饱水后 10 d

图 4-19　隧道上台阶净空收敛变化规律图

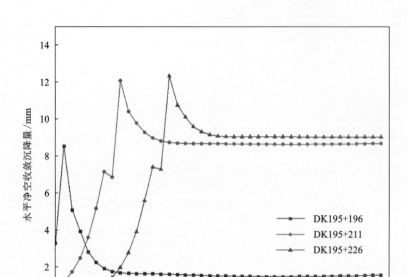

(a) 饱水后 1 d

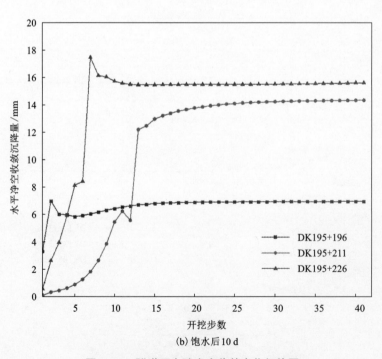

(b) 饱水后 10 d

图 4-20 隧道下台阶净空收敛变化规律图

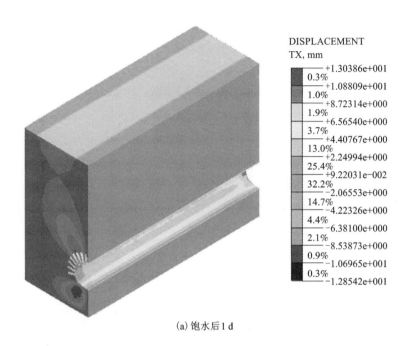

(a) 饱水后 1 d

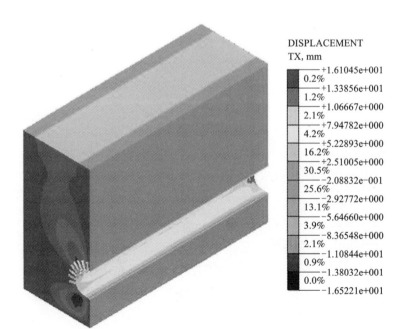

(b) 饱水后 10 d

图 4-21　隧道开挖完成后围岩水平位移云图

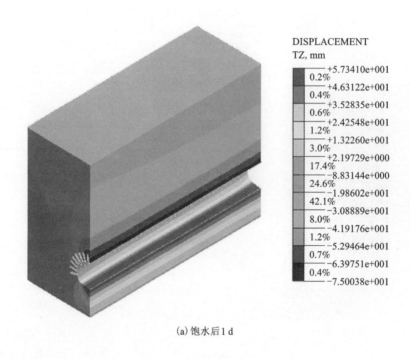

(a) 饱水后 1 d

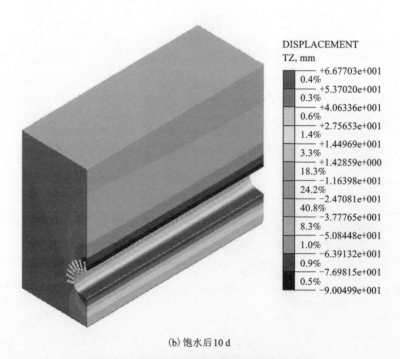

(b) 饱水后 10 d

图 4-22　隧道开挖完成后围岩竖向位移云图

表 4-10 DK195+196 现场实测值与数值计算对比结果 单位：mm

监测项目	地表最终沉降量	拱顶最终沉降量	上台阶净空累计收敛量	下台阶净空累计收敛量
现场实测	—	−69.4	−10.8	−4.1
饱水 1 d	−29.5	−74.3	−7.5	−2.5
饱水 10 d	−35.5	−90	−11.9	−6.2

表 4-11 DK195+211 现场实测值与数值计算对比结果 单位：mm

监测项目	地表最终沉降量	拱顶最终沉降量	上台阶净空累计收敛量	下台阶净空累计收敛量
现场实测	—	−66.5	−13.4	−8.7
饱水 1 d	−27.1	−71.3	−15.2	−9.1
饱水 10 d	−31.3	−88.2	−21.3	−13.9

表 4-12 DK195+226 现场实测值与数值计算对比结果 单位：mm

监测项目	地表最终沉降量	拱顶最终沉降量	上台阶净空累计收敛量	下台阶净空累计收敛量
现场实测	—	−75.2	−15.6	−9.6
饱水 1 d	−26.1	−68.9	−15.3	−9.3
饱水 10 d	−29.2	−73.6	−20.2	−15.8

通过数值模拟结果与现场实测结果对比发现两者存在一定的误差，拱顶沉降的现场实测与模拟计算结果相差较大，周边收敛沉降实测结果与模拟计算结果相对较小，说明开挖该类凝灰软岩隧道竖向沉降量会大于水平收敛量，因为从现场开挖过程中发现拱顶上方有渗水现象，这也会加速隧道正上方的竖向沉降速率，也说明开挖该类凝灰软岩隧道竖向扰动敏感程度会大于水平扰动敏感程度，现场施工应该注意竖向的塌方事故发生，加强拱顶的支护。

4.4.3 围岩饱水后数值模拟应力结果分析

如图 4-23 和图 4-24 所示，为模拟围岩饱水 1 d 及 10 d 的围岩等效塑性区云图。

上述数值模拟结果表明，隧道围岩在完成开挖后的塑性区主要集中在隧道正上方和正下方约 1.5 倍洞径内的岩体，这部分岩体在隧道开挖后将产生不可恢复的破坏变形，在拱顶产生竖向下沉而拱底发生隆起。

如图 4-25 和图 4-26 所示，为模拟围岩饱水 1 d 的隧道开挖完成后竖向应力云图。

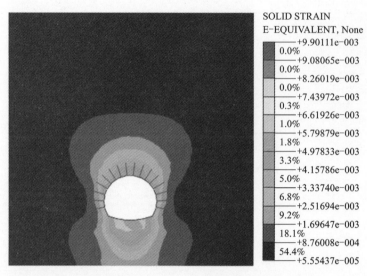

图 4-23　模拟围岩饱水 1 d 的围岩等效塑性区云图

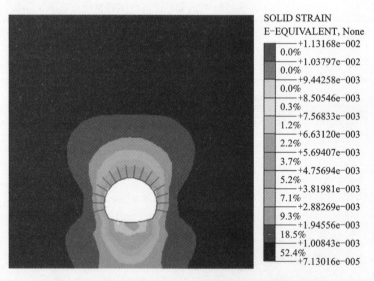

图 4-24　模拟围岩饱水 10 d 的围岩等效塑性区云图

　　隧道开挖的本质是围岩应力释放的过程，开挖后的扰动使围岩初始应力平衡发生变化，最后由于初支的施作使应力二次平衡，当隧道完成开挖后，隧道水平两侧围岩分布的竖向应力较大，围岩正上方与正下方小范围内竖向应力有一定影响，不过影响范围没有塑性区大，说明该类凝灰岩围岩应力分布较集中。因围岩饱水后 1 d 和 10 d 应力演化规律基本一致，所以只分析围岩饱水 1 d 在不同开挖步骤的应力变化规律，结果如图 4-27、图 4-28 所示。

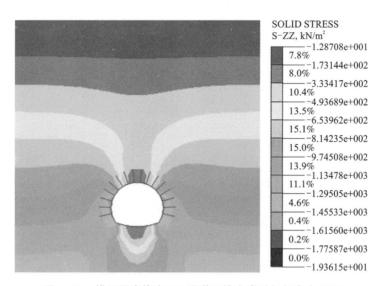

图 4-25　模拟围岩饱水 1 d 隧道开挖完成后竖向应力云图

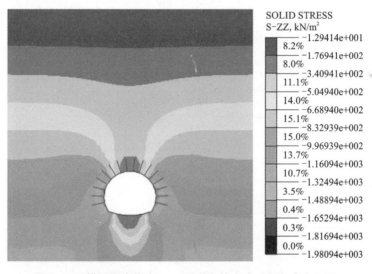

图 4-26　模拟围岩饱水 10 d 隧道开挖完成后竖向应力云图

通过数值模拟发现隧道开挖打破了围岩本身的应力平衡,在开挖过程中,竖向压应力主要在隧道拱顶和拱底且分布较集中,但是随着初支的施作,拱顶和拱底应力逐渐减小,说明初支对促使应力二次平衡有较好的效果,当隧道完成开挖后,竖向应力主要集中分布在隧道两侧。隧道开挖过程中内部水平应力分布在隧道周围且较均匀,水平应力的最大处主要集中在隧道下方土体,随着隧道的开挖,水平应力始终没有受到太大的影响,这也使隧道的净空收敛值没有出现明显的波动现象。分析拱顶竖向应力与开挖步骤两者间的关系,结果如图 4-29 所示。

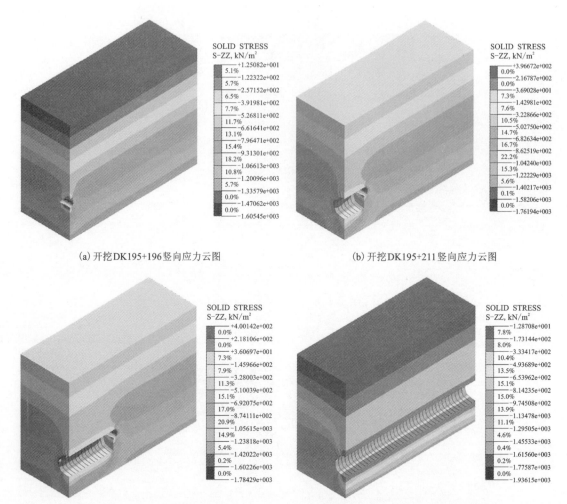

(a) 开挖DK195+196竖向应力云图　　　　(b) 开挖DK195+211竖向应力云图

(c) 开挖DK195+226竖向应力云图　　　　(d) 开挖完成后竖向应力云图

图 4-27　模拟围岩饱水 1 d 开挖过程竖向应力变化云图

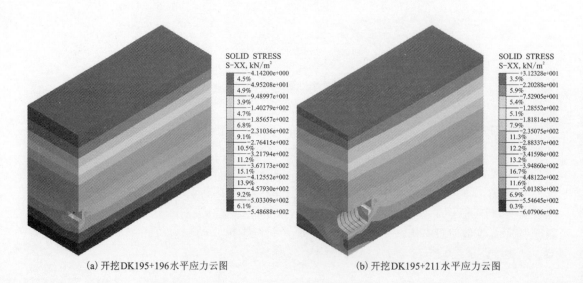

(a) 开挖DK195+196水平应力云图　　　　(b) 开挖DK195+211水平应力云图

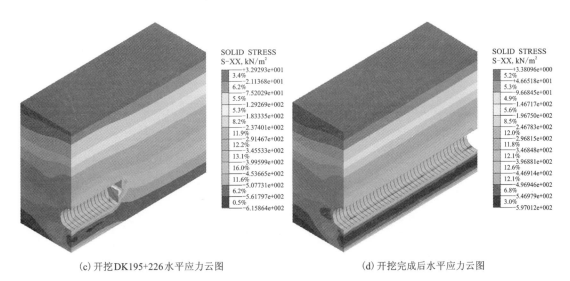

(c) 开挖DK195+226水平应力云图　　　　　(d) 开挖完成后水平应力云图

图 4-28　模拟围岩饱水 1 d 开挖过程水平应力变化云图

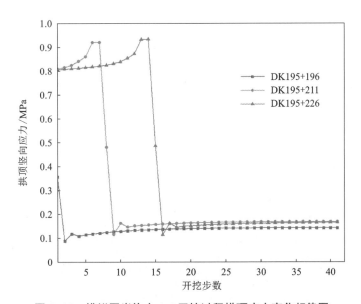

图 4-29　模拟围岩饱水 1 d 开挖过程拱顶应力变化规律图

　　分析开挖过程中拱顶应力变化规律发现，隧道在开挖第 1 步即打破了围岩本身的拱顶应力平衡，但是第 2 步即施作了初支，使拱底出现二次应力稳定趋势，第 3 步开挖后拱顶应力并无明显变化，在隧道超前方的另外两个测点，拱顶应力依然保持平衡状态，未发生明显变化，说明开挖只会改变前方 4 m 内的围岩应力状态。随着掌子面的继续推进，当开挖面挖到下一个监测断面时，拱顶应力再次失去平衡，同时分析上下台阶水平应力与开挖步骤两者之间的关系，分为上台阶水平应力变化与下台阶水平应力变化，结果如图 4-30 所示。

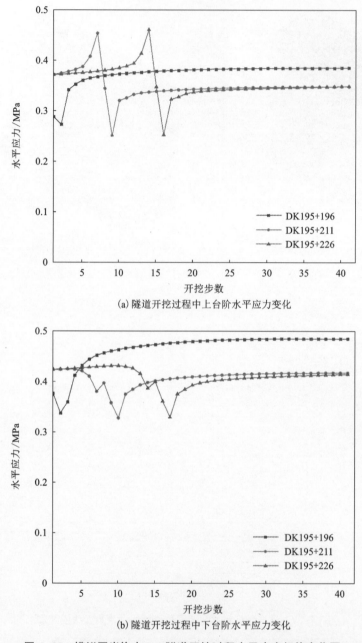

(a) 隧道开挖过程中上台阶水平应力变化

(b) 隧道开挖过程中下台阶水平应力变化

图 4-30　模拟围岩饱水 1 d 隧道开挖过程水平应力规律变化图

　　通过分析隧道开挖过程水平应力变化趋势发现，上台阶水平应力变化趋势与下台阶水平应力变化趋势大致类似，但是需要注意的是上台阶在开挖第 5 步后水平应力就已经趋于二次稳定状态了，下台阶水平应力要在开挖第 8 步后才趋于二次稳定状态，说明下台阶水平应力比上台阶水平应力更难趋于稳定，同时在整体应力云图中也可以发现这一现象。

▶ 4.5　本章小结

本章针对凝灰岩隧道在富水条件下围岩变形过大导致的侵限、涌水、坍塌等问题,开展了相关研究,得到了不同工况下该类凝灰岩强度演化规律,并量化了其位移变化结果,主要结论如下:

①室内试验发现该类凝灰软岩在饱水后 1 d 抗压强度衰减明显,饱水后 10 d 抗压强度基本达到稳定,同时由室内三轴试验结果可知,随着饱水时间的延长试样的内摩擦角变化不显著,最大降幅仅为 7.3%,而黏聚力随饱水时间的延长下降速率显著,最大降幅达到 20.8%。

②监测结果表明该隧道竖向拱顶沉降量始终大于水平净空收敛量,在施作支护时应重点加强竖向支护的强度,但就净空收敛规律来说,上台阶最终净空收敛量会略大于下台阶净空收敛量。监测工作结束后发现该类凝灰软岩隧道在施作初期支护后拱顶沉降需要 25 d 左右达到稳定状态,净空收敛需要 18 d 左右达到稳定状态,所以建议该隧道在施作初期支护的 25 d 后再施作二次衬砌。

③通过数值模拟计算发现该类凝灰软岩隧道在开挖结束后,塑性区主要集中在隧道的正上方与正下方的岩体,由围岩饱水 1 d 和 10 d 后的数值计算结果分析可知,隧道在饱水 10 d 后的沉降量会大于饱水 1 d 后的沉降量,但饱水时间延长对围岩应力的变化无明显影响。

第 5 章

路堑高边坡变形监测与稳定性分析及其卸荷松弛特征研究

全球性的地质灾害已经成为人类与自然和谐发展中的突出问题，其中滑坡灾害占我国地质灾害总量的 60% 以上。滑坡的诱发因素很多，如地震、降雨、水库蓄水等，其中强降雨诱发滑坡的频率最高。江西省全省雨量充沛，年均降水量 1341~1940 mm，且多集中在 4—6 月；暴雨天数多，持续性强。特殊的地理地质及气象条件使得边坡易发生滑塌。高速公路在建设过程中形成了众多高陡边坡，存在安全隐患，一旦发生滑坡地质灾害，轻则造成交通阻塞，产生经济损失，重则威胁人民生命财产安全。滑坡的突发性、频发性、严重性往往给人们造成始料不及的巨大损失，如果能够探究边坡滑坡机理，对边坡采取有效的加固措施，将会具有重大意义，可带来巨大的社会效益和经济效益。

▶ 5.1 边坡自动化监测稳定性分析

根据铜万高速设计文件、工程地质勘察报告和野外踏勘，选取铜万高速公路滑动危险性高且开挖施工中发生过滑塌的 K49+320~K49+440 右侧路堑高边坡进行安全监测。在选取的边坡布置自动化监测传感器，通过无线传输方式将监测数据上传至边坡自动化监测系统平台，利用该平台数据管理和解释解译能力，实时查询边坡变形趋势和对滑坡进行预警。

5.1.1 工程地质条件及水文地质条件

1. 地形地貌

拟建高边坡区属低山区，微地貌为山坡~复合(凹凸形)斜坡地貌，地面标高 204.8~238.9 m，相对高差约 34.1 m，线路左侧自然坡角为 25°~30°，坡向 29°~313°；线路右侧自然坡角为 20°~30°，坡向 134°~227°。地形起伏较大，山坡植被茂密，以杉树、竹林为主。

2. 地层岩性

根据工程地质调绘及钻探揭露，拟建场区地表为第四系全新统残坡积层(Q_4^{el+dl})粉质黏土，下伏元古界双桥山群宜丰组(Ptshly)绢云母千枚岩，在钻探揭示深度范围内，将场区岩土体划分为 5 个工程地质层，自上而下依次为：

①粉质黏土（Q_4^{el+dl}）：红褐色—褐灰色，土质较均，含角砾约 10%，稍湿，可塑，分布于山坡表层，层厚 4.0~10.0 m，承载力基本容许值为 180 kPa，摩阻力标准值为 50 kPa。

①-1 黏土（Q_4^{el+dl}）：红褐色—褐灰色，土质较均，含角砾约 10%，稍湿，可塑，分布于山坡表层，层厚 4.0~10.0 m，承载力基本容许值为 180 kPa，摩阻力标准值为 50 kPa。

②角砾（Q_4^{el+dl}）：杂色，稍湿，稍密，骨架颗粒为千枚岩，含量为 60%，磨圆差，呈棱角状~次棱角状，充填粉质黏土约 40%，分选一般；于 CLK3 揭示，层厚 6.0 m，承载力基本容许值为 260 kPa，摩阻力标准值为 80 kPa。

③风化绢云母千枚岩（Ptshly）：灰褐色，原岩结构大部分已破坏，风化剧烈，岩芯破碎，呈碎屑状，测区内分布连续，层厚 7.7~26.0 m，承载力基本容许值为 180 kPa，摩阻力标准值为 45 kPa。

④强风化绢云母千枚岩（Ptshly）：青灰色—灰黑色，变晶结构，千枚状构造，主要矿物成分为绢云母、绿泥石及黏土矿物等，节理裂隙发育，岩芯破碎，呈碎块状~短柱状，可击碎，岩质较软，测区内分布连续，本次勘察未揭穿，承载力基本容许值为 460 kPa，摩阻力标准值为 80 kPa。

3. 地质构造及地震

拟建项目走廊主要位于扬子准地台西南部，与华南褶皱系交接的萍乡至乐平近东西向拗陷带的西北缘。区内新华夏系和华夏系褶皱、断裂构造较为发育，构造面貌复杂，地层褶曲明显，构造线迹总体呈北东、北北东向，局部被北西向断裂构造切割；表现形式主要为大量的断层和断陷盆地，并有多期岩体侵入。

经 1∶2000 工程地质补充测绘，F7 断裂位于路线左侧约 155 m 处，与近平行通过路线，倾向南东，倾角 60°~70°，该断层为非全新世活动性断层，对高边坡区段有一定影响。

测区内岩层产状为 163°∠55°，节理：248°∠82°（线密度 1 条/m，裂隙面平直，结合一般）。

根据《中国地震动参数区划图》（GB 18306—2001），桥址区地震动峰值加速度值小于 0.05 g，地震动反应谱特征周期小于 0.35 s，地震基本烈度Ⅵ度。

4. 水文地质条件

拟建场区为山麓斜坡，雨季大部分降水沿山坡径流，地下水主要为松散层孔隙潜水及基岩裂隙水的汇集，水文地质条件简单，初勘地下水水位高程为 190.7~205.0 m。

本次勘察参照临近工点罗成河大桥的水质分析试验，场地河水属于 HCO_3-Ca 型，地下水属于 $HCO_3 \cdot SO_4$-Ca·Na·K 型，根据《公路工程地质勘察规范》（JTG C20—2011）中水对混凝土结构及水对钢筋混凝土结构中钢筋的腐蚀性评价标准，场地地表水及地下水均对混凝土及钢筋混凝土中钢筋具微腐蚀性。

5.1.2　自动化监测意义与依据

1. 自动化监测目的及意义

实践表明，安全监测是解决边坡稳定问题、查清边坡变形破坏机理和范围、防治地质灾害的有效和必要手段，通过自动化监测可以预防边坡地质灾害、保障施工运营安全、保护环境，优化边坡地质灾害治理设计和施工方案、节约造价，对滑坡等地质灾害进行预警。

①实施连续远程及恶劣天气下自动化采集，能及时捕捉到恶劣天气下边坡地质灾害来临前和发生时的重要信息，及时自动地向业主、施工方进行地质灾害预警，确保高速公路运营安全及车辆行驶安全。

②根据实时监测数据，能分析边坡变形规律及发展趋势，评估应急工程措施的实施效果，为设计和施工方案优化提供可靠依据，从而制止地质灾害发展、预防地质灾害发生，尽量减少或避免工程和人员的灾害损失。

③建立远程自动化监测系统既是边坡崩塌滑坡调查、研究和防治工程的重要组成部分，又是崩滑地质灾害预报信息获取的重要手段，该监测系统还可为铜万高速公路的运营及其边坡维护提供科学管养技术依据，为铜万高速生态经济带的实施提供安全保障。

2. 监测依据

①《边坡工程勘察规范》（YS 5230—1996）。
②《公路路基设计规范》（JTG D30—2015）。
③《岩土工程监测规范》（YS 5229—1996）。
④《建筑边坡工程技术规范》（GB 50330—2013）。
⑤《混凝土结构设计规范》（GB 50010—2010）。
⑥《建筑变形测量规程》（JGJ/T 8—1997）。
⑦《工程测量规范》（GB 50026—2007）。
⑧《全球定位系统（GPS）测量规范》（GB/T 18314—2009）。
⑨铜鼓至万载高速公路新建工程两阶段施工图设计。
⑩铜鼓至万载高速公路新建工程详细工程地质勘察报告。

5.1.3　自动化监测系统设计及监测内容

1. 自动化监测系统设计原则

根据边坡工程条件和特点，确定监测目的，选择监测项目，设计和建立自动化监测系统，需遵循以下原则：

①技术先进、实用可靠。自动数据采集系统采用国内外的先进技术成果，长期稳定性好，抗干扰能力强，技术成熟，准确可靠，能适应边坡工程的恶劣工作环境，具有可靠的防雷保护措施。

②高度兼容及通用性（开放式）。系统能够与边坡布设的各类监测传感器可靠连接，易于数据传输，适应埋设安装的监测传感器，并且必须保证监测自动化设备具有高度的兼容性、通用性、全开放性。

③易扩展性。系统应具有分步实施功能或系统扩展性能好，使用灵活、维护方便，后续扩展不会对整个系统造成影响。

④遵循"对控稳原因量和敏感响应量采用在线自动监测，并辅以必要的人工巡查"的原则。

2.自动化监测系统构成

边坡远程自动化监测系统分为五大子系统，分别为 GPS 形变监测子系统、内部位移监测子系统、地下水位监测子系统、环境因素监测子系统和预测预警子系统，前四个子系统均为监测数据管理系统，预测预警子系统为监测数据反馈系统。该系统的主要构成如图 5-1 所示。

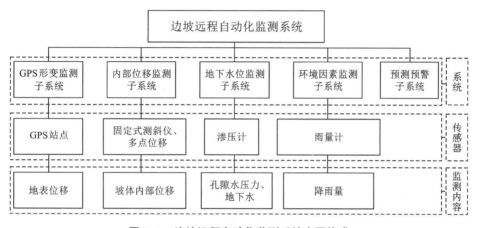

图 5-1　边坡远程自动化监测系统主要构成

各监测子系统包含自动采集单元、无线传输模块、监测传感器及供电防雷系统等。自动采集单元与传感器之间采用四芯或六芯电缆连接，自动采集单元为智能型的数据采集器，监测信息通过 GPRS、3G、4G 无线传输到边坡自动化监测系统平台，而后通过网络实时传输至项目营地、监测中心和业主等，从而实现远程监测边坡变化演变趋势，经过预测预警子系统的反馈分析，对边坡及时进行预测预警。监测系统的具体传递模式如图 5-2 所示。

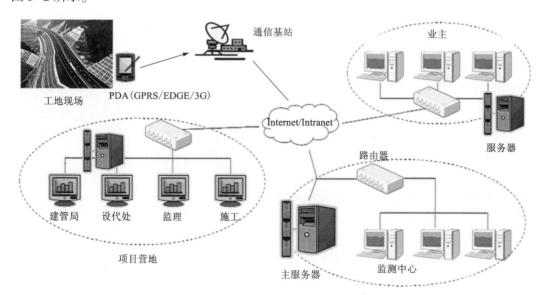

图 5-2　现场监测信息实时传递沟通模式

3. 自动化监测系统功能

①自动化监控功能。系统能够实现监测数据自动采集、传输、存储、处理分析及进行综合预警，并具备在各种气候条件下适时监测的能力。

②在线分析功能。该系统具备基础资料管理、各项监测内容适时显示发布、图形报表制作、数据分析、综合预警等功能。其中，数据分析部分包括各项监测内容趋势分析、综合过程线分析等内容。

③预报预警功能。通过软件对监测参数的实时在线分析，一旦监控参数超限，系统能够进行短信报警、邮件报警，提醒相关人员、业主采取措施，预防事故发生。

④系统自检和诊断功能。系统具有自检功能、自行诊断功能等，能够在管理主机上显示故障部位及类型，为及时维护提供方便，系统发生故障时能够及时提示，同时该系统具有防雷及抗干扰功能。

⑤权限管理、综合展示功能。根据各级权限不同，各级监管部门可以不受时间和地点限制，只要登录网络，即可实现对监测点的远程督导和检查；各隐患监测点监测信息可在各级控制中心的监控大屏幕上展示。

5.1.4 监测内容及监测技术

边坡工程整体和局部失稳破坏的影响因素众多、破坏方式各异。为了确保边坡工程的安全性，需要从边坡表面位移、坡体内部位移、环境因素等多方面进行监测，综合运用多种监测技术对边坡进行全方位立体式监测。边坡监测内容如表5-1所示，下文将对不同的监测内容进行分别阐述。

表 5-1　边坡监测内容及所用仪器

监测内容	仪器	测点布设	采集频率
表面位移	GPS 测量仪	关键断面	自动采集，可以视边坡危险程度、天气情况等条件人工远程调整采集频率
内部位移	固定式测斜仪	边坡内部	
	多点位移计	边坡内部	
地下水位	孔隙水压计	边坡内部	
降雨量	雨量计	边坡表面	

1. 边坡表面位移监测

本项目采用 GPS 测量系统监测边坡表面位移，图 5-3 为一个 GPS 监测站点。GPS 测量具有高精度、高效益、全天候、无须通视等优点，正好满足自动化监测的需要。该测量系统分为监测基点和监测点，监测基点布置在边坡以外的稳定山体上，采用太阳能电板供电，利用无线通信方式将监测数据实时传输到边坡远程自动化监测系统平台。

2. 坡体内部位移监测

(1) 固定式测斜监测

坡体内部水平位移一般采用钻孔测斜仪进行监测，为满足自动化监测需要，采用固定式测斜仪，其布置及原理如图 5-4 所示。测斜孔中布置测斜管，以测斜孔底为稳定基点，在钻孔不同深度布置固定式测斜仪，从而可获得边坡内部沿孔深方向连续水平位移曲线。采用该监测技术容易判断边坡潜在滑动面，为边坡支护加固提供技术支撑。

(2) 多点位移计监测

采用多点位移计可在同一钻孔中沿孔深方向布置 3~10 个测点，如图 5-5 所示，监测各测点沿孔深方向的位移。不同方向钻孔中的多点位移计可监测边坡岩土体不同方向各测点的位移，进行边坡位移监测时将多点位移计的锚固端置于推测滑动面下的完整、稳固的基岩中，即可监测其他点的绝对位移。

 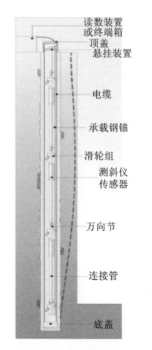 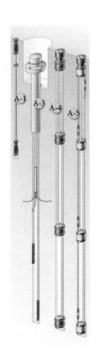

图 5-3　GPS 站点　　　图 5-4　固定式测斜仪布置及监测原理　图 5-5　多点位移计

(3) 地下水位监测

地下水位监测使用振弦式渗压计(又称孔隙水压力计)，渗压计如图 5-6 所示。将渗压计放置在测斜孔孔底，起到一孔多用的效用，从而减少工程成本。渗压计上下周围需用干净的中粗砂进行充填，而后电缆线沿着测斜管的外侧延伸到坡表，接到自动采集单元中完成自动采集。

3. 环境因素监测

影响边坡稳定性的环境因素主要为降雨量。绝大多数边坡的滑塌都是由降雨引起的，故汛期边坡地质灾害的发生频率显著增加，所以对降雨的监测必不可少。

降雨量监测采用雨量计，如图5-7所示。该监测站适用于无电源和无线传输工况下监测降雨量数据的自动采集系统，其测量精度高、稳定性好、没有温漂和时漂的影响，测量数据可实时自报或间隔自报。

图 5-6　振弦式渗压计　　　　　　　　　　　图 5-7　雨量计

4.监测网点的布设

综合考虑铜鼓至万载高速公路路基边坡潜在滑动危险性程度、边坡高度、支护措施、地质构造、岩层产状及岩性等特征，在公路沿线选择一个危险性较高且在施工过程中发生过滑塌的高边坡进行监测系统网点的布设，具体桩号为 K49+320～K49+440。根据边坡监测的需要，布置了 GPS、雨量计、固定式测斜仪、多点位移计、渗压计等多种传感器，对边坡工程状态进行立体交叉式监测。边坡监测系统具体布置下文详述。

K49+320～K49+440 右边坡监测系统网点的立面和剖面布置图分别如图5-8、图5-9所示。在该边坡选取 2 个断面进行监测，断面桩号为 K49+360 和 K49+390，坡面共布置 1 个雨量计、4 个 GPS 站点(1 个 GPS 基准点，3 个 GPS 监测点)、3 个测斜孔(埋设 8 个固定式测斜仪)、2 个渗压计，测点均分布在二级、四级、六级平台。GPS 基准点布置在边坡工程区以外的稳定岩土体上，监测仪器的具体清单如表5-2所示。

表 5-2　监测仪器清单

仪器	GPS 测量系统 /套	固定式测斜仪 /个	渗压计 /个	测斜管 /m	采集通道数 /个	太阳能电板 /套	传输系统 /套
数量	4	8	2	49	16	1	1

注：固定式测斜仪；渗压计需 1 个 8 通道的自动采集单元。

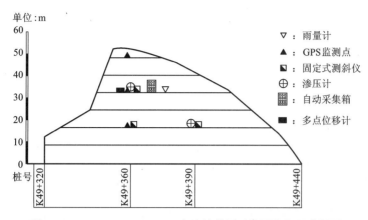

图 5-8　K49+320~K49+440 右边坡监测系统网点平面布置图

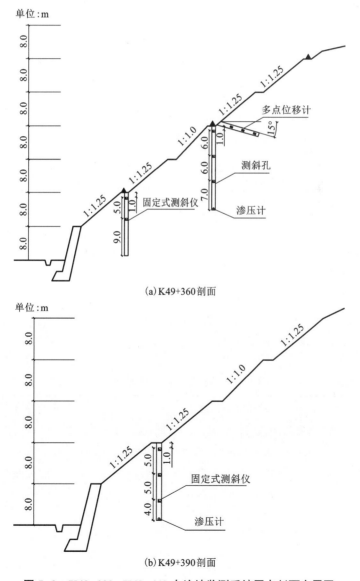

图 5-9　K49+320~K49+440 右边坡监测系统网点剖面布置图

5.1.5 监测频率及预警机制

对布设的传感器均进行在线自动化采集，各传感器采集频率如表5-3所示。在汛期和紧急情况下加大采集频率，同时辅以人工巡视。

表5-3 各传感器采集频率表

仪器	监测内容	采集方式	采集频率
GPS测量仪	边坡表面位移	自动在线采集	12次/d
固定式测斜仪	坡体内部水平位移	自动在线采集	6次/d
多点位移计	坡体内部位移	自动在线采集	12次/d
振弦式渗压计	地下水位	自动在线采集	1次/30 min
雨量计	降雨量	自动在线采集	1次/5 min

监测信息经过边坡自动化监测系统平台，通过已拟定的边坡预测预警系统实时判别，自动分析判断是否预警。该预警系统以坡表变形、坡体内部水平位移为控制性指标参数。结合本工程的特点和工程经验，暂定了以下参数的累计值控制指标和变化速率控制指标，如表5-4所示。

表5-4 监测控制指标

监测项目	累计值	变化速率
坡表水平位移	$1/500H$	连续3 d大于2 mm/d
坡体内部水平位移	$1/500H$	连续3 d大于3 mm/d

注：H为具体断面位置的边坡高度；地表沉降、地下水位、降雨量不列入控制指标，仅作为边坡安全稳定性判断的辅助指标。

根据以上监测控制指标，将自动化监测系统监测点的安全预警分为三级：黄色监测预警、橙色监测预警和红色监测预警。具体划分标准见表5-5。

表5-5 监测系统三级预警判定表

预警级别	预警状态描述	预警措施
黄色监测预警	"双控"指标均超过监控量测控制值的50%，或"双控"指标之一超过监控量测控制值的80%时	向监理、施工单位提出预警，加强监测频次
橙色监测预警	"双控"指标均超过监控量测控制值的80%，或"双控"指标之一超过监控量测控制值时	向业主、监理及施工单位提出预警，加强监测频次
红色监测预警	"双控"指标均超过监控量测控制值或实测变化速率出现急剧增长时	向业主、监理及施工单位提出预警，停止施工、车辆通行，加强监测频次，专家组判断

注：边坡安全预警将以水平位移作为控制指标，地表沉降、地下水位、降雨量仅作为辅助指标。

5.1.6　监测信息反馈及质量控制

1. 监测信息反馈

监测信息反馈流程包含多个环节,包括仪器的自动采集、监测信息的处理、危险性评价、预警预报,以及确定是否需要采取应急预案等,反馈流程如图 5-10 所示。

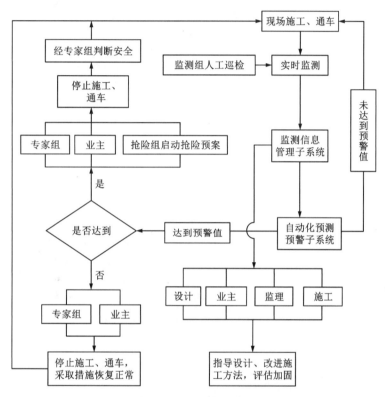

图 5-10　监测信息反馈流程

预警预报仅是作为实时监测系统反馈的一部分,同时根据监测信息定期出具周报、月报、季报、专题报告及最终的总结报告。基于此分析各边坡的稳定性及变形演化趋势,评价加固措施的效果,对高速公路管养提供技术支撑。

2. 监测质量控制

监测仪器埋设正确与否,直接影响到监测信息的准确性。故为了保证监测成果的准确性和可靠性,我单位严格按照质量手册、程序文件及作业指导书的有关程序进行操作,建立了完整的质量保证体系,从制度上保证每项工作的质量。

①在监测项目实施中,明确质量责任,保证工序质量。

②保证项目负责人、技术负责人、骨干技术人员及时到位;配备精密先进设备,且使用的监测仪器设备经过计量合格,并处于有效期内,按规定在检定期间进行比对和核查。仪器设备验收、维护保养和检修均按规定程序进行。

③电缆尽可能呈蛇形布设，电缆布设线路上设置醒目警示标志；每套监测系统需设置防雷措施。

5.1.7 监测结果与分析

1.降雨量监测数据分析

边坡区域内的降雨强度随时间变化曲线如图 5-11 所示。自 2016 年 6 月 16 日监测至 2017 年 4 月 5 日，该期间出现过三次长历时强降雨，分别为 2016 年 6 月 27 日至 2016 年 7 月 4 日、2016 年 7 月 15 日至 2016 年 7 月 18 日和 2017 年 3 月 5 日至 2017 年 3 月 24 日，降雨强度最高分别达到了 28.2 mm/h、15.8 mm/h、6.2 mm/h。2016 年 7 月 15 日至 2016 年 7 月 18 日的长历时强降雨后，埋设 GPS 基础的坑槽发生开裂，边坡出现不同程度的变形。

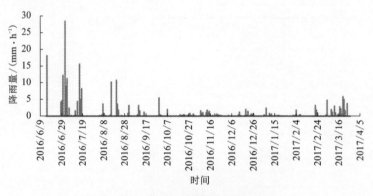

图 5-11 降雨强度随时间变化曲线

2016 年 11 月 7 日至 2016 年 11 月 27 日，出现了近 20 d 的长历时降雨，但单位时间内的降雨强度较小，最大值为 2.2 mm/h。现场调查发现，二级浆砌块石护面墙出现数条延伸 3~4 m 的裂缝，如图 5-12 所示，高 8 m 的挡土墙出现错动和开裂，向临空面方向错动距离达 40 mm，水平开裂 10 mm，如图 5-13 所示。

图 5-12 护面墙裂缝   图 5-13 挡土墙错动开裂

　　尤其在 2017 年 3 月 5 日至 2017 年 3 月 24 日超长历时强降雨后，边坡各台阶和坡面均出现不同程度的开裂，边坡出现临滑状态，如图 5-14～图 5-17 所示。

图 5-14　六级平台开裂　　　　　　　　　图 5-15　二级平台开裂

图 5-16　三级坡面开裂（裂缝长 10 m 左右，缝宽近 10 cm）

（a）四级　　　　　　　　　　　（b）五级

图 5-17　四级、五级坡面开裂，裂缝走势

2. 地下水位监测数据分析

(1) 四级边坡地下水位监测数据分析

测点 D4S122 埋设在四级边坡测斜孔的孔底，埋设深度为 22 m，监测边坡地下水位的变化。测点 D4S122 地下水位随时间变化曲线如图 5-18 所示。四级边坡的地下水位自 2016 年 6 月 16 日开始整体呈现下降趋势，至 2016 年 11 月中旬地下水位略有抬升。期间，2016 年 6 月 30 日出现地下水位的迅速抬升，于 7 月 9 日达到最高，抬升至 13.3 m，地下水位抬升了 1.0 m，时间正好紧随降雨量监测期第一次的长历时强降雨，两者相隔 5 d，恰好说明地下水下渗是需要一定时间的。从图 5-18 可知，第二次的长历时强降雨对地下水位也具有一定的影响，但相对于第一次长历时强降雨影响明显减小，主要是因为第一次长历时强降雨的降雨强度是后者的近 2 倍。2017 年 3 月 5 日至 2017 年 3 月 24 日超长历时强降雨则引起地下水位的迅速抬升。

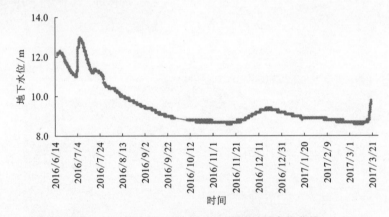

图 5-18　测点 D4S122 地下水位随时间变化曲线

(2) 二级边坡地下水位监测数据分析

测点 D2S115 埋设在二级边坡测斜孔的孔底，埋设深度为 15 m。测点 D2S115 地下水位随时间变化曲线如图 5-19 所示，相较于四级边坡，地下水位受降雨影响更加明显。该平台地下水位与两次长历时强降雨和近期的超长历时降雨都具有很强的相关性，而且与超

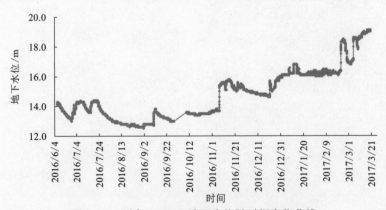

图 5-19　测点 D2S115 地下水位随时间变化曲线

长历时降雨的相关性更强，水头最高达 19.2 m。地下水位居高不下，对边坡强风化千枚岩的物理力学性质弱化加剧，由于渗透压力的增大，进一步加大了边坡下滑力。

3. 不同深度水平位移监测数据分析

（1）四级边坡测斜不同深度水平位移监测数据分析

本测斜孔 2016 年 6 月 4 日开始监测，分别在孔深 2 m、6 m、12 m 处埋设固定式测斜仪，对应监测点编号为 Z4K102、Z4K106、Z4K112，各监测点临空面方向与平行路线方向的水平位移随时间变化曲线如图 5-20、图 5-21 所示。根据各测点水平位移的变化趋势图可知，边坡各测点水平位移总体呈现逐渐增大的趋势，尤其是在 2016 年 7 月 4 日前后边坡水平位移发生突变，测点 Z4K102、Z4K106、Z4K112 临空面方向的突变位移分别达 14 mm、13 mm、19 mm；在 2016 年 11 月 20 日前后也发生水平位移的突变，临空面方向突变的位移为 3~5 mm。测点 Z4K102、Z4K106、Z4K112 临空面方向最大变形位移分别为 23.7 mm、17.3 mm、32.2 mm 左右。

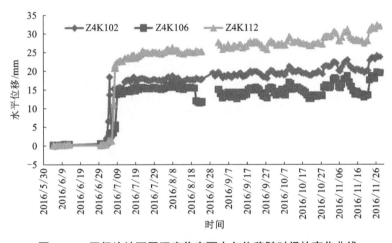

图 5-20　四级边坡不同深度临空面方向位移随时间的变化曲线

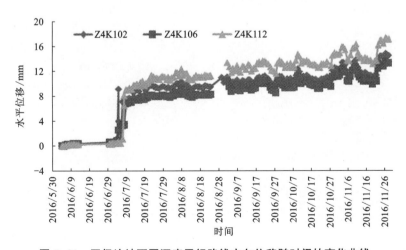

图 5-21　四级边坡不同深度平行路线方向位移随时间的变化曲线

由四级边坡不同深度水平位移测斜数据可知，孔深 12 m 处的水平位移最大，其次是孔深 2 m 处的水平位移，不排除边坡具有深层圆弧滑动的可能，需要进一步加强观测。

（2）二级边坡测斜不同深度水平位移监测数据分析

本测斜孔 2016 年 6 月 4 日开始监测，分别在孔深 1 m、5 m、9 m 处埋设固定式测斜仪，对应监测点编号为 Z2K101、Z2K105、Z2K109，各监测点临空面方向与平行路线方向的水平位移随时间变化曲线如图 5-22、图 5-23 所示。根据各测点水平位移的变化趋势可知，边坡各测点水平位移总体呈现逐渐增大的趋势，尤其是在 2016 年 7 月 8 日前后边坡水平位移发生突变，测点 Z2K101、Z2K105、Z2K109 临空面方向的突变位移分别达 12 mm、14 mm、17 mm；在 2016 年 11 月 20 日前后也发生水平位移的突变，临空面方向突变的位移为 3~5 mm。测点 Z2K101、Z2K105、Z2K109 临空面方向最大变形位移分别为 21.2 mm、24.8 mm、27.9 mm 左右。

由二级边坡不同深度临空面方向位移测斜数据可知，孔深 9 m 处的水平位移最大，其次是孔深 5 m 处的水平位移，不排除边坡具有深层圆弧滑动的可能，需要进一步加强观测。

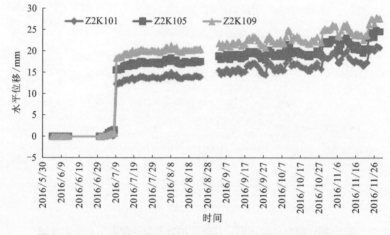

图 5-22 二级边坡不同深度临空面方向位移随时间的变化曲线

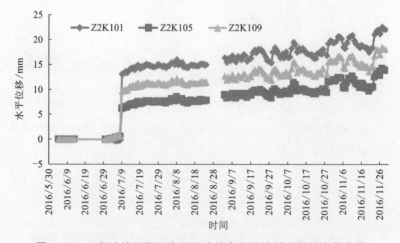

图 5-23 二级边坡不同深度平行路线方向位移随时间的变化曲线

（3）边坡多点位移监测数据分析

四级边坡不同深度（2 m、5 m、10 m）位置处沿位移计方向的位移随时间变化趋势如图 5-24~图 5-26 所示，测点编号分别为 D4D102、D4D105、D4D110。不同深度的多点位移计的位移都呈现凹状变化，在 2016 年 8 月 18 日位移达到最小值，分别为 -5.5 mm、-3 mm、-1.1 mm，而后位移随着时间的推移逐渐增大。由不同深度各测点位移随时间变化曲线图可知，各测点在 2016 年 7 月 4 日左右位移发生突变，尤其是埋设深度为 2 m 的测点 D4D102 位移突变最大，突变位移达 4.3 mm。

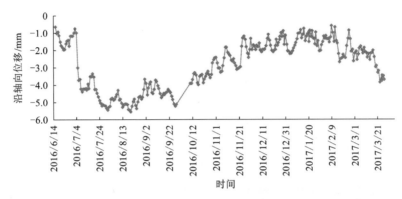

图 5-24　测点 D4D102 多点位移计 2 m 处位移随时间变化趋势

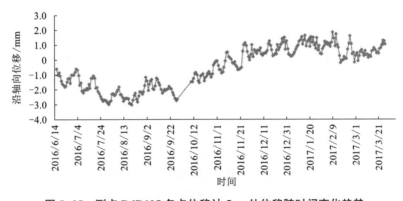

图 5-25　测点 D4D105 多点位移计 5 m 处位移随时间变化趋势

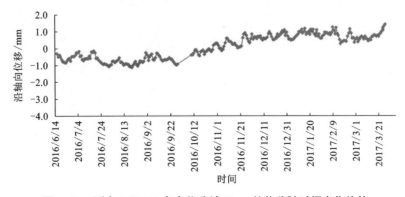

图 5-26　测点 D4D110 多点位移计 10 m 处位移随时间变化趋势

各测点位移呈凹状变化的原因可能是埋设前期边坡存在向下的位移沉降或者错动，导致位移持续减小，但后期随着边坡往临空面方向变形的增大，从 2016 年 8 月 18 日开始多点位移计监测的位移逐渐增大；而 D4D102 测点从 2017 年 2 月 10 日开始多点位移计的位移逐渐减小，呈现该变化趋势的原因为边坡滑动从浅层滑动发育到深层滑动，说明之前的滑动在距离坡表 2 m 范围内，随着 2017 年 3 月 5 日至 2017 年 3 月 24 日超长历时强降雨的发生，边坡滑动向深层滑动变化。测点 D4D105、D4D110 位移逐渐增大，尤其在 2017 年 3 月 5 日至 2017 年 3 月 24 日超长历时强降雨后，测点 D4D105、D4D110 位移出现急剧增大的趋势，边坡出现临滑状态，这说明边坡正在向临空面方向变形，需要进一步加强观测和人工巡视。同时，结合测点 D4D102、D4D105 在 2017 年 2 月 10 日之后变化趋势的不同，大致可推断该滑坡的滑动面应该分布在坡表以下 2~5 m。

(4)GPS 坡表位移监测数据分析

边坡布设了 2 个 GPS 监测点，分别布设在三级平台和五级平台，对应监测点编号为 G3B01、G5B02。各 GPS 监测点位移随时间变化过程曲线如图 5-27、图 5-28 所示。图中 xy 均为水平位移，dx 正方向为边坡临空面方向，dy 正方向为平行路线大桩号方向，dh 为垂直方向，上升为正，沉降为负。GPS 测点累计位移及变化量统计表见表 5-6。

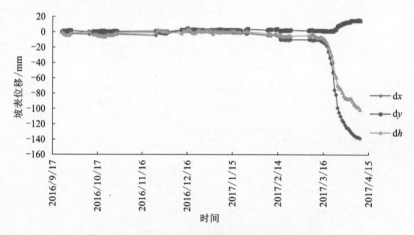

图 5-27　G3B01 测点位移随时间变化过程曲线

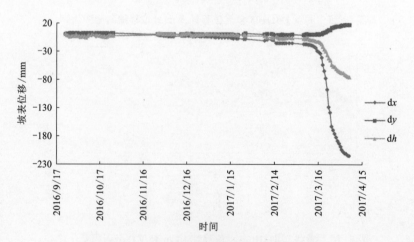

图 5-28　G5B02 测点位移随时间变化过程曲线

表 5-6　GPS 测点累计位移及变化量统计表

GPS 测点	累计位移/mm			3 月位移变化量/mm		
	dx	dy	dh	dx	dy	dh
G3B01	−138.06	15.26	−100.31	−128.61	12.68	−95.90
G5B02	−217.74	17.60	−77.57	−202.6	17.83	−72.20

根据各 GPS 测点位移随时间变化过程曲线可知,边坡各 GPS 测点在 2016 年 9 月至 2017 年 2 月底位移变化缓慢,但总体呈现逐渐增大的趋势;2017 年 3 月 5 日至 2017 年 3 月 24 日超长历时强降雨后,测点 G3B01、G5B02 位移急剧增大,测点 G3B01、G5B02 在 2017 年 3 月临空面方向的突变位移分别达−128.61 mm、−202.60 mm,测点 G3B01、G5B02 在 2017 年 3 月的沉降突变位移分别达−95.90 mm、−72.20 mm,边坡出现临滑状态,建议封闭靠近边坡的右侧上行线道路,立即对该边坡进行卸载,及时采取应急排水措施。

(5)边坡稳定性分析

结合各监测项目的监测数据可知,边坡的变形主要受降雨作用的影响,无论是地下水位的变化,还是边坡岩土体内部位移的变化,与三次长历时降雨都有很强的相关性,这与边坡的全强风化的绢云母千枚岩岩性遇水膨胀软化也有很大关系。结合监测数据可得出以下结论:

①四级边坡平台排水较好,后期未见地下水位的明显抬升;二级平台排水效果较差,地下水位受降雨影响较大,故建议对边坡进行"上截下排",边坡表面堵住下渗通道,坡脚设置水平排水孔。

②在 2016 年 7 月 4 日前后发生长历时强降雨,降雨强度达到 28.2 mm/h 的作用下,二、四级边坡的测斜孔和多点位移监测点均发生位移的突变,故建议提前注意天气预报情况,强降雨期间应加密观测,同时进行人工巡视。

③针对挡土墙发生错动的情况,建议利用裂缝计对错缝进行监测,如条件许可,可在挡土墙内布置测斜孔,进行人工测斜观测。

④受 2017 年 3 月 5 日至 2017 年 3 月 24 日超长历时强降雨影响,边坡各类型监测点均反映边坡出现临滑状态,尤其测点 G3B01、G5B02 位移急剧增大,测点 G3B01、G5B02 在 2017 年 3 月临空面方向的突变位移分别达−128.61 mm、−202.60 mm,测点 G3B01、G5B02 在 2017 年 3 月的沉降突变位移分别达−95.90 mm、−72.20 mm,建议封闭靠近边坡的右侧上行线道路,保证行车安全;立即对该边坡进行卸载,及时采取应急排水措施,加强人工巡查和提高监测频率。

5.2　降雨诱发滑坡模型试验

模型试验装置总体由模型箱、降雨装置、测量装置三大部分组成。

5.2.1　模型箱

模型箱的制作材料为有机玻璃、钢材。有机玻璃有利于观测土样的变化,钢材有利于稳定模型。制作尺寸为长 2 m、宽 1.9 m、高 1.2 m。为了减少边界效应，在有机玻璃内侧贴上一层防护膜，如图 5-29 所示。

图 5-29　模型箱

5.2.2　降雨装置

试验采用的降雨装置是南京南林电子科技有限公司的人工模拟降雨系统。该人工模拟降雨系统由蓄水建设及人工降雨管路、喷头、降雨控制组成。其中，降雨控制采用手动调节，并用雨量计测出降雨强度。该人工模拟降雨系统的有效降雨面尺寸为 1 m×2 m，降雨高度为 4 m，降雨强度范围为 6~240 mm/h，降雨均匀度系数大于 0.86，雨滴大小控制范围为 1.7~5.0 mm/h，降雨调节精度为 7 mm/h。降雨系统组成框架图如图 5-30 所示。

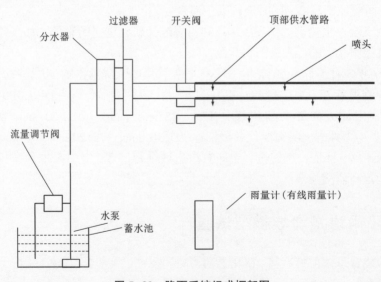

图 5-30　降雨系统组成框架图

1. 蓄水建设

因试验场地有限，我们采用蓄水箱来代替蓄水池，如图 5-31，通过水泵来供水，如图 5-32，该水泵变频智能式自吸泵流量为 4.5 m³/h，扬程为 20 m，满足试验需求。

图 5-31　蓄水箱

图 5-32　盒内设压力泵

2. 人工降雨管路

管路部分由 18 根钢管组成，钢管与钢管之间采用锁扣与橡胶圈链接，如图 5-33 ~ 图 5-36 所示。

图 5-33　降雨管路

图 5-34　进水管口

图 5-35　锁扣

图 5-36　橡胶圈

3. 喷头

顶部降雨喷头采用的是美国生产的旋转下喷式喷头,利用 FULLJET 1/8、2/8、3/8 三种规格的喷头组合降雨,从而形成从小到大的雨强连续可调,雨滴形态、降雨均匀度与自然降雨相似的人工自动模拟降雨;开关阀采用 PE 管材,避免了采用铁质管材会导致生锈的问题;各管路测控部件采用法兰盘连接,以方便维护,如图 5-37。

图 5-37　喷头构造

4. 降雨控制

如图 5-38 和图 5-39 所示,喷头控制开关有 3 个按钮,分别控制 3 个型号的降雨喷头,可同时按下 2 个或 3 个按钮,实现不同喷头之间的自由组合从而使降雨强度发生改变。可调节供水控制的压力阀,通过改变回水水压大小从而改变降雨管路中水压大小,实现对降雨强度的调节。

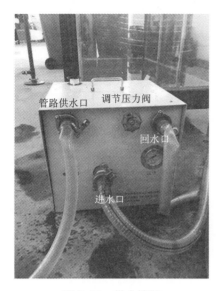

图 5-38 供水控制

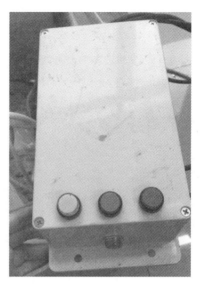

图 5-39 喷头控制

5.2.3 测量装置

1. 对土体变形的测量

试验采用 PIV 系统对土体位移进行测量。PIV 的全称是 Partical Image Velocimetry，又称为粒子图像测速技术，通过测量土体的位移变化从而测量土体变形。变形分析系统主要分为三块，即能够分辨的土体、高像素的数码相机或者摄影、图片处理软件、变形分析软件。

2. 土体含水量的测量

试验对土体含水量的测量采用的是北京旗云创科科技有限责任公司 Campbell 牌 CS616 型土壤水分传感器。其技术参数指标如下：

测量范围：干到饱和。

精度：2.5% VWC。

分辨率：0.1% VWC。

供电：5~18 VDC。

功耗：65 mA(工作)；45 μA(待机)。

最大电缆长度：305 m。

输出：±0.7 V 方波，频率取决于含水量(CS616)；0~3.3 V 方波(CS625)。

指令测量时间：0.50 ms；50 ms。

探头个体差异：干燥土壤±0.5% VWC，饱和土壤±1.5% VWC。

探针尺寸：长 300 mm，直径 3.2 mm，间距 32 mm。

探头尺寸：85 mm×63 mm×18 mm。

探针材质：不锈钢。

3. 对土体基质吸力的测量

试验对土体基质吸力的测量采用的是北京旗云创科科技有限责任公司 Campbell 牌 CS257 型土壤水势传感器。传感器的探测核心由两个同芯电极组成，外壳覆盖有合成薄膜材料，能防止外界腐蚀。电缆线由热塑性橡胶包裹，使其能够经得起极端温度、水浸和紫外线降解的考验。其技术参数指标如下：

量程：-200~0 kPa。

尺寸：长 8.26 cm，直径 1.91 cm。

质量：362.9 g。

4. 对孔隙水压力的测量

试验对孔隙水压力的测量采用的是北京旗云创科科技有限责任公司的 HC-25 孔隙水压力传感器。其体积小，最小直径为 2.54 mm，长度为 3.77 mm。

5.2.4 数据记录仪

试验采用的是 Campbell 牌 CR1000 型数据采集器。它提供传感器的测量、时间设置、数据压缩、数据和程序的储存以及控制功能，由一个测量控制模块和一个配线盘组成。

CR1000 型数据采集器的扫描速率能够达到 100 Hz，有模拟输入、脉冲计数、电压激发转换等多个端口，外围接口有 CS I/O、RS-232 以及 SDM 等，采用 12 VDC 外接可充电电池供电。其技术参数如下：

最大采样频率：100 Hz。

模拟通道：8 个差分通道(16 个单端通道)。

脉冲通道：2 个。

控制输出通道：8 个。

激发通道：3 个电压通道。

数据通信端口：1 个 CS I/O；1 个 RS-232；1 个平行外围设备。

信号输入范围：±5000 mV。

A/D 转换精度：13 位模拟/数字转换。

测量分辨率：0.33 μV。

测量精度：±(读数×0.06%+偏移量)，0~40 ℃。

内置存储空间：4 M。

供电电压：9.6~16 VDC。

功耗：睡眠模式为 0.6 mA，1 Hz 采集频率为 4.2 mA。

尺寸：23.9 cm×10.2 cm×6.1 cm。

工作温度：-25~50 ℃；-55~85 ℃(扩展)。

5.2.5 扩展模块

由于使用的传感器数量较多，需要购买扩展模块增加数据采集器可以测量的传感器的数量，因此购置了一套美国生产的 AM16/32B 型扩展模块，如图 5-40 所示。数据采集器使用的密封可充电源可为系统提供足够的供电保障。其主要技术参数如下：

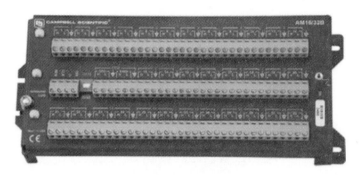

图 5-40　扩展模块

供电：11.3~16 VDC(−25~50 ℃)；11.8~16 VDC(−55~85 ℃)。

功耗：<210 μA(静止状态)；6 mA(激活状态)。

继电器最大激发时间：20 ms。

最大开关电流：500 mA(开关电流大于 30 mA 会降低低电压信号的适应性)。

工作环境：−25~50 ℃(标准)，−55~ 85 ℃(低温扩展)；0~95%(相对湿度)。

尺寸：10.2 cm×23.9 cm×4.6 cm。

质量：0.7 kg。

5.2.6　数字照相量测

试验采用 PhotoInfor(数字照相量测)对土坡位移进行监测拍摄。数字照相量测指的是通过数码相机、数码摄像机、CCD 摄像机等采集图像，获得观测目标的数字图像，然后利用数字图像处理与分析技术，对观测目标进行变形分析或特征识别的一种现代量测新技术。

利用两台分辨率分别为 1800 万像素、2020 万像素的 EOS700D、EOS70D 数码相机从不同角度对坡进行定时拍照，从而实现对模型坡的覆盖。利用 EOS Utility 实现电脑控制拍照，采用"按键精灵"实现每 5 s 自动点击按钮及自动拍摄照片。

5.2.7　降雨系统的标定

降雨设备安装好以后，为了保证降雨均匀，需要对降雨进行均匀度测试(图 5-41)，试验采用的雨量计为长沙金码高科技实业有限公司生产的，产品型号为 JMDL—6610RD(图 5-42)。每隔 400 mm 设置 1 个测点，共设置 4 个测点。调节设置降雨强度为 58 mm/h，4 个测点测得的数据如图 5-43 所示。

降雨均匀度计算可以按照以下公式计算：

$$U = 1 - \frac{\sum |R_i - \bar{R}|}{n\bar{R}} \tag{5-1}$$

式中：R_i 表示降雨范围内测点 i 在同一个时段测得的降雨量；$\bar{R}$ 表示降雨范围内同一时段

所测得的平均降雨量；n 表示测点数。最后测得降雨均匀度为 94%，超过 80%，符合试验要求。

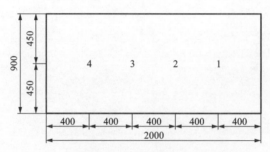

图 5-41　降雨均匀度测试测点布置(单位：mm)

图 5-42　雨量计

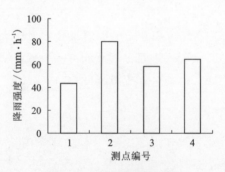

图 5-43　测点的降雨强度

5.2.8　传感器测试

1. 土壤水分传感器的测试

将传感器埋入土体之前需要对传感器进行测试。为了测试土壤水分传感器，如图 5-44 所示，铲一小方土打底，将 7 个传感器放置于土方上，再用干土将其覆盖，数据采集器采集到的数据基本一致，分别为 4.21%、4.19%、4.27%、4.14%、3.99%、4.52%、4.32%。

图 5-44　土壤水分传感器的测试

用喷头对编号为"1"～"3"的水分传感器依次喷水，数据采集结果分别为 13.45%、9.40%、6.53%。由于编号为"1"的传感器上方最先喷水，2 号其次，3 号最后，所以同一时间采集到的数据因为降雨入渗的时间关系呈现依次减小的趋势，但都比上方没有喷水的 4～7 号的传感器的数据大。

2.HC-25 孔隙水压力传感器的测试

孔隙水压力量程为 50 kPa，我们将 4 个孔隙水压力传感器进行编号，将 1 号和 2 号传感器置于水下 16.8 cm 处，如图 5-45 所示；3 号和 4 号传感器置于空气中。对其进行读数，读取结果分别为 1.68 kPa、1.74 kPa、-0.41 kPa、-0.42 kPa。

3.水势传感器的调试

水势传感器量程为-200～0 kPa，使用水势传感器之前需要将传感器在水中泡 1 h，再将其晾干 1～2 d，如此再重复一次，如图 5-46 所示。

 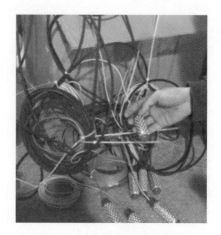

图 5-45　HC-25 孔隙水压力传感器的测试　　　图 5-46　水势传感器的调试

5.3 降雨对边坡稳定性影响的数值模拟

为了进一步研究降雨引起堆积体边坡失稳的机理，本章将采用数值分析的方法，模拟模型试验边坡降雨入渗过程，分析降雨入渗过程中边坡的稳定性，探讨坡度和颗粒级配对降雨入渗和边坡稳定性的影响。

5.3.1 土体中的应力计算

1. 基质吸力的计算

非饱和土的孔隙中填充着水和空气。非饱和土的基质吸力指的是因为土体毛细管的存在，对水分具有的吸引作用或是吸水能力。换言之，由于非饱和土受到大小不等的孔隙水压力和孔隙气压力的作用，孔隙气压力大于孔隙水压力的差值称作基质吸力。因此我们可以推出，饱和土体所有孔隙由于被水占据，失去吸水的能力，故基质吸力为零。而非饱和土体的基质吸力大于零。基质吸力的大小是针对弯液面（水气分界面）处的压力差而言的，与弯液面的曲率半径和表面张力有关，如图 5-47 所示。

由 Yong-Laplace 方程可知 $\Delta U = \dfrac{2T_s}{R_s}$，由于非饱和土的孔隙气压力大于孔隙水压力，$\Delta U = U_a - U_w$，故基质吸力公式可以写成：

$$U_a - U_w = \frac{2T_s}{R_s} \qquad (5-2)$$

式中：U_a 为孔隙气压力；U_w 为孔隙水压力；T_s 为表面张力；R_s 为曲率半径。

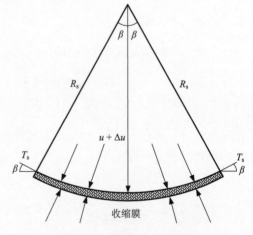

图 5-47 基质吸力示意图

2. 有效应力的计算

有效应力指的是土颗粒接触点传递的压力，即颗粒间传递的总荷载与土体总截面之比。因为有效应力的变化可以引起土体其他力学性质的变化，故其被称为有效应力。由 Bishop 公式可知有效应力的计算如下：

$$\sigma = (\sigma - U_a) - X(U_a - U_w) \qquad (5-3)$$

式中：σ 为有效应力；U_a 为孔隙气压力；U_w 为孔隙水压力；X 为经验常数，当 $X=1$ 时为饱和土，$X=0$ 时为干土。

3. 土-水特征曲线

土-水特征曲线是表述土的基质吸力与含水率之间关系的曲线，是描述基质吸力的重要指标。要研究土的基质吸力与含水率的关系，探究其土-水特征曲线规律是重要的途径和方法之一。

土-水特征曲线有两个特征点,如图 5-48 所示,一个是对应于进气值的点,另一个是对应于残余含水量的点。

①对应于进气值的点。假设对土体施加一个吸力,那么会出现两种情况,当吸力小于土体自身的吸持力时,土体中的水不能排出。当吸力大于土体的吸持力时,水可排出。我们把使得土体从饱和转向非饱和状态的气压临界值称为进气值。

②对应于残余含水量的点。随着假设吸力的增大,土体中的水不断排出,基质吸力也会增大来抵抗水的排出,到一定程度的含水率时,吸力的作用已经不能使土体中的水排出而需要通过蒸腾作用才能有效排水。这时土体中对应的含水率即残余含水量。

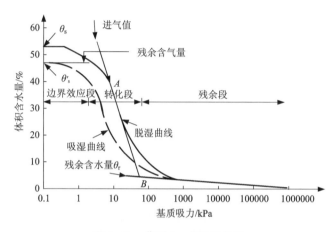

图 5-48　典型土-水特征曲线

土体孔隙几何形状各异、空隙大小各异,导致脱湿与吸湿过程中水选择的通道不一、流速不一。另外,吸湿过程与脱湿过程中,气相-液相分界面接触角大小不等,孔隙气体中的摩擦角也不一样。这一系列的原因导致吸湿过程与脱湿过程的特征曲线的经过路径不同。我们称此现象为滞后现象。

影响土-水特征曲线的因素有土的矿物成分即不同组成成分、孔隙结构、土体的收缩性、土中不同的水分变化过程。

4.渗流控制方程

(1)饱和土壤中水流动的 Darcy 定律

Darcy 定律认为,单位面积渗流量(q)或水的渗透流速(v)与水力坡度(i)成正比,如下式。式中,负号代表水向水头低的方向流动。

$$q = v = - k_{\mathrm{s}} \cdot \nabla h \tag{5-4}$$

式中:k_{s} 为介质的饱和渗透系数;∇h 为水力梯度矢量。

$$\nabla h = \frac{\partial h}{\partial x}\boldsymbol{i} + \frac{\partial \mathrm{h}}{\partial \mathrm{y}}\boldsymbol{j} + \frac{\partial h}{\partial z}\boldsymbol{k} \tag{5-5}$$

(2)非饱和土壤中水流动的 Darcy 定律

Richards 最早在 1931 年将 Darcy 定律运用到非饱和水流中,把土中空气所占的孔隙视为非传导的流槽,水只能通过孔隙流动。将其表示为

$$q = v = - k_{\mathrm{w}} \cdot \nabla h \tag{5-6}$$

（3）非饱和土水分连续的基本方程

在非饱和土中假定一定厚度是 dz 的单元，有 $\dfrac{\partial \theta_{\mathrm{w}}}{\partial t} = -\left(\dfrac{\partial v_{wx}}{\partial_x} + \dfrac{\partial v_{wy}}{\partial_y} + \dfrac{\partial v_{wz}}{\partial_z} \right)$，由 Darcy 定律可

知 $v_{wx} = -k_{wx}(\theta_{\mathrm{w}}) \dfrac{\partial h}{\partial x}$, $v_{wx} = -k_{wy}(\theta_{\mathrm{w}}) \dfrac{\partial h}{\partial y}$, $v_{wx} = -k_{wz}(\theta_{\mathrm{w}}) \dfrac{\partial h}{\partial z}$，带入上式可得：

$$\frac{\partial}{\partial_x}\left[-k_{wx}(\theta_{\mathrm{w}}) \frac{\partial h}{\partial x} \right] + \frac{\partial}{\partial_y}\left[-k_{wy}(\theta_{\mathrm{w}}) \frac{\partial h}{\partial y} \right] + \frac{\partial}{\partial_z}\left[-k_{wz}(\theta_{\mathrm{w}}) \frac{\partial h}{\partial z} \right] = \frac{\partial \theta_{\mathrm{w}}}{\partial t} \tag{5-7}$$

5. 降雨入渗过程基本规律

降雨入渗过程其实就是土体的孔隙中的空气逐渐被表层进入的水排挤的过程。从降雨到达地面的那一刻开始，雨水通过包气带即非饱和土到达潜水面。我们把降雨的入渗分为两种，一种是垂直入渗，一种是侧向入渗。

Colaman 和 Bodman 在很早的时候就进行了均质土体降雨入渗情况分析，根据积水一定时间以后不同层次的土的含水率的不同，将其剖面自上而下分为四层，即饱和区、过渡区、传导区、湿润区，如图 5-49 所示。土表层下方第一层是饱和区，饱和区的厚度与积水的厚度有关，积水越多，饱和区的厚度越大。在过渡区，土的含水率随着离表层土的距离的增大而减小。在传导区，土的含水率随着离表层土的距离的增大而保持不变。在湿润区，土的含水率也是随着离表层土的距离的增大而减小，并且下方的含水率小到接近土的初始含水率。

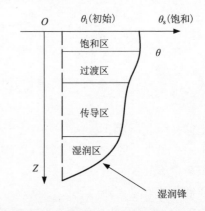

图 5-49　积水入渗时土体剖面含水率分布图

土壤入渗率也叫作土壤渗透速率，指的是单位时间内通过地表单位面积入渗到土体中的水量。一开始，土壤的含水率低，基质吸力大，因此土壤的入渗率也大。随着降雨时间的增加，土体含水率增大，基质吸力减小，入渗率也随之减小。通常情况下，当入渗率减小到一定的值的时候趋于稳定，我们称此时的渗透速率为稳定入渗率。

余露在研究降雨作用下的边坡稳定性分析时，将降雨入渗基本过程分为四个阶段，如图 5-50～图 5-53 所示。在边坡降雨初期，由于土体含水率还比较低，基质吸力较大，入渗率大于降雨强度，雨水通过包气带流向饱和区。而后，随着边坡含水量的增大，饱和区扩展到坡脚区域，由于坡脚区域的入渗率小于降雨强度，因此在其表面形成地表径流。随着降雨时间的增多，含水量增大，饱和区继续扩展，地表径流增大。降雨后期，土体中的水慢慢排出。

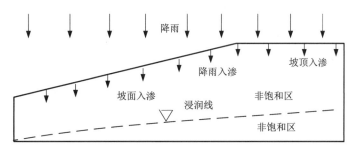

图 5-50　边坡降雨初期

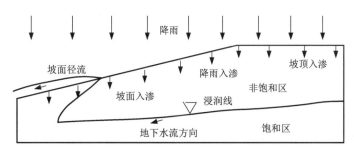

图 5-51　坡脚产生径流

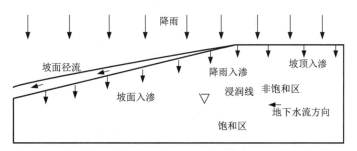

图 5-52　饱和区域向坡内扩展

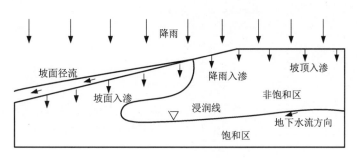

图 5-53　降雨后期

5.3.2　数值模拟过程及计算结果

1.渗透系数

一般来说，水力渗透系数在饱和土中是常量，而在非饱和土中则与基质吸力或体积含水量有关。在本书分析中，土中水的渗透系数引用了文献[131]的计算公式，定义了渗透系数和基质吸力之间的关系：

$$k_w = a_w k_{ws}/(a_w + \{b_w(u_a - u_w)\}^{c_w}) \tag{5-8}$$

式中：a_w、b_w、c_w 为渗透系数，根据文献确定；k_{ws} 为饱和土渗透系数；u_a 与 u_w 分别为孔隙气压力和孔隙水压力；u_a-u_w 为基质吸力。

同样需要定义土-水特征曲线，采用文献的计算公式，定义饱和度与基质吸力之间的关系：

$$s_r = s_i + (s_n - s_i)a_s/[a_s + \{b_s(u_a - u_w)\}^{c_s}] \tag{5-9}$$

式中：s_r 为饱和度；s_i 为残余饱和度；s_n 为最大饱和度；a_s、b_s、c_s 为常参数，根据文献确定。本书所采用的水力渗透系数特征曲线和土-水特征曲线分别见图 5-54 和图 5-55。

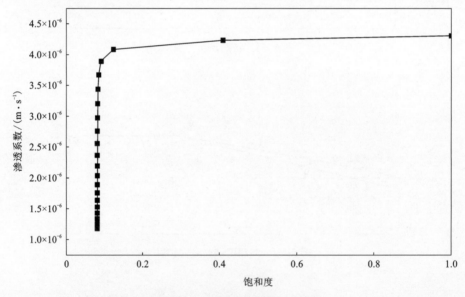

图 5-54　水力渗透系数特征曲线

2.有限元模型与计算步骤

（1）土层参数

土层参数：密度 1800 kg/m³，弹性模量 20 MPa，泊松比 0.3，孔隙比 0.8，渗透系数 4.3×10⁻⁶ m/s，内摩擦角 22°，黏聚力 30 kPa。模型尺寸和网格如图 5-56 所示。

（2）边界条件

坡面降雨通过表面流量边界设置，其中坡顶部和底部为 2.389×10⁻⁵ m/s，由于入渗方向垂直于表面，坡度为 45°，坡面方向的降雨强度为 2.389×10⁻⁵·cos 45°=1.69×10⁻⁵。底

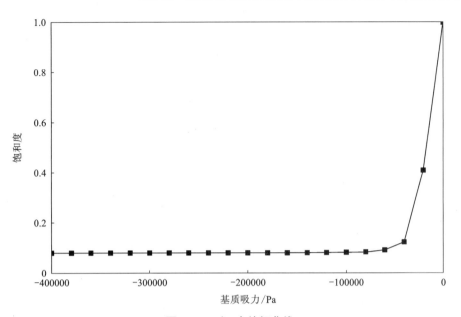

图 5-55　土–水特征曲线

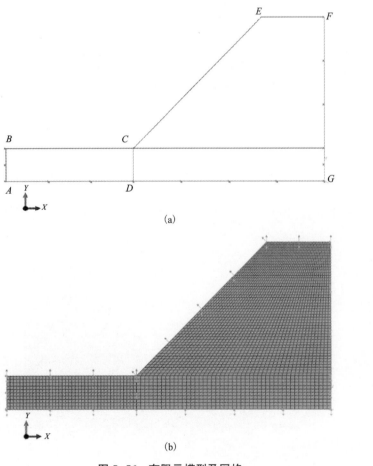

(a)

(b)

图 5-56　有限元模型及网格

部边界保持水平与竖向位移不变,侧面保持法向位移不变。

计算步骤如下。

第一步,施加重力,设置初始饱和度、初始孔隙比和初始孔隙水压力,其主要关键程序命令如下:

∗ Initial Conditions,type = Saturation

slope,0. 08001

∗ initial conditions,type = pore pressure

slope,-400000,0,-410000,1

∗ initial conditions,type = ratio

slope,0. 8

第二步,在降雨边界施加流量边界条件,计算至3500 s,坡脚前沿(AB 附近)达到饱和状态。

第三步,始于3501 s,由于坡脚前方已达饱和,为了排水,设置坡脚侧的前方竖向边界(AB)孔压随深度变化,B 点孔压为0,A 点孔压为 0. 2 m×10000 N/m^3 = 2 kPa。

第四步,始于12152 s,由于此时边坡完全达到饱和状态,设置边坡右侧的孔压边界条件,F 点孔压为0,G 点孔压为 1 m×10000 N/m^3 = 10 kPa。

3. 计算结果

在进行数值模拟时,湿度与试验一致,而负孔隙水压力与实测值差别较大,主要原因在于数值模拟使用的土-水特征曲线采用经验公式计算得到,而不是根据实际土样得到的数据,对于不同类型的岩土体,其土-水特征曲线存在较大差异,从而导致非饱和区渗透系数的巨大差别。因此,本书仅对试验和数值模拟结果做定性对比分析。

图 5-57 为第一步计算结束时,边坡内部的湿度和负孔压分布图(孔压单位为 Pa),可以看出,由于没有降雨的影响,其分布完全与初始设置条件吻合。

图 5-58 为坡脚达到饱和时,坡体内饱和度和孔压分布情况,可以看出坡脚前方最先达到饱和,出现正的孔隙水压力,坡体内饱和度等值线和孔隙水压力等值线都呈圆弧状,并且饱和度等值线和孔隙水压力等值线不重合。

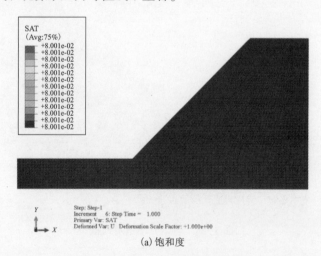

(a) 饱和度

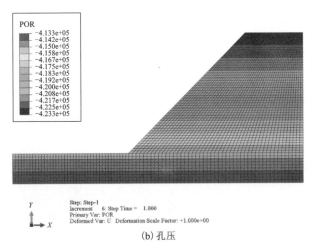

(b) 孔压

图 5-57　第一步计算结束时的饱和度和负孔隙水压力分布

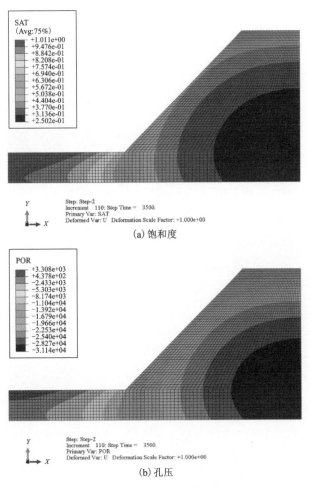

(a) 饱和度

(b) 孔压

图 5-58　坡脚达饱和时的计算结果

　　图 5-59 为坡顶出现饱和区时坡体内饱和度和孔压分布,可以看出当坡脚完全饱和时,坡顶部正前方开始出现饱和区和正的孔隙水压力,随着降雨的进行,饱和区域和负孔隙水压力区逐步减小,并且呈圆弧状向内部收缩。

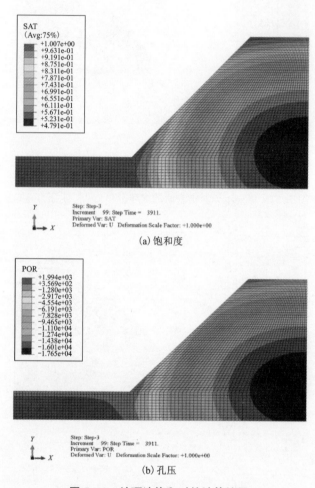

(a) 饱和度

(b) 孔压

图 5-59　坡顶达饱和时的计算结果

　　图 5-60 为边坡中部 320 点达到饱和时,边坡内部饱和度和孔压分布,可以看出此时坡顶部和坡脚处的饱和区域连通,非饱和区域进一步减小,坡顶部饱和区的正孔隙水压力逐渐增大,并且大于坡脚饱和区。

　　图 5-61 为边坡后部 231 点达到饱和状态时的饱和度和孔隙水压力分布图,可以看出非饱和区域进一步减小,坡顶的正孔隙水压力进一步增大。

　　图 5-62 为边坡完全达到饱和时的计算结果,图 5-62(a)表明边坡整体的饱和度都为 1,图 5-62(b)表明此时的孔隙水压力全部为正值,并且右下角存在一个孔隙水压力偏小的圆形区域。此时最大水平位移为 1.126 mm,出现在 326 点[图 5-62(c)],最大竖向位移为 2.31 mm,出现在 7 点[图 5-62(d)]。

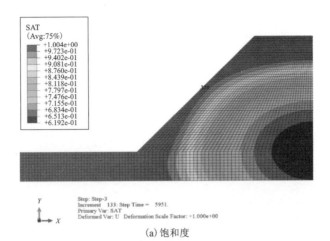

(a) 饱和度

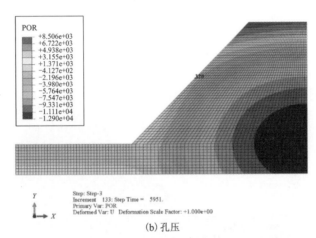

(b) 孔压

图 5-60　边坡中部 320 点达到饱和时的计算结果

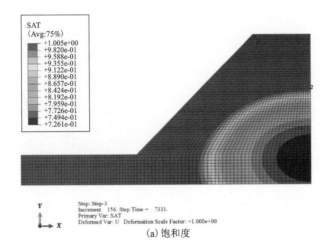

(a) 饱和度

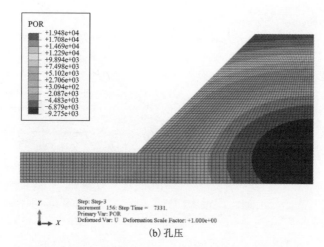

(b) 孔压

图 5-61 边坡后部 231 点达饱和状态时的计算结果

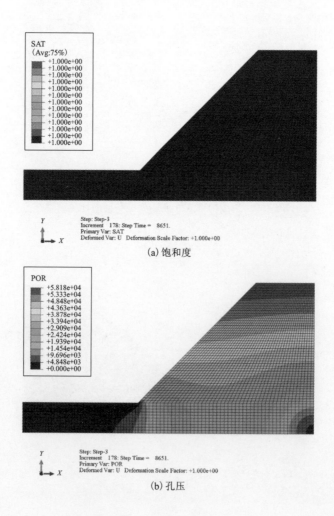

(a) 饱和度

(b) 孔压

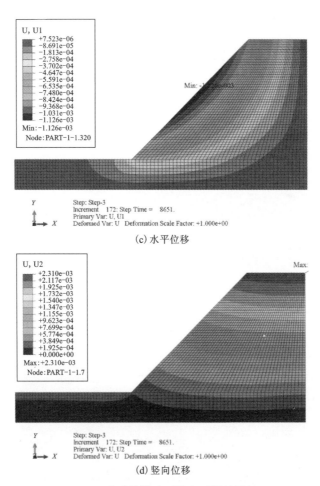

(c) 水平位移

(d) 竖向位移

图 5-62　边坡整体达到饱和时的计算结果

图 5-63 为降雨作用下，边坡内部渗流达到稳定状态时的计算结果，再往后继续降雨，坡体内的孔压、Mises 应力和位移都不再发生变化，入渗进入坡体的雨水通过两侧边界排出。图 5-63(a) 孔压看出，边坡浅层出现较大的正孔隙水压力，由于此时右侧边界为排水边界，坡顶部的孔隙水压力都消散了。图 5-63(b) 表明坡脚附近出现应力集中，容易产生塑性变形。图 5-63(c)、图 5-63(d) 分别为稳定渗流状态时边坡内部的水平位移和竖向位移，可以看出水平位移峰值不到竖向位移的一半，水平位移最大值发生在边坡中下部，而竖向位移最大值发生在坡顶最前方，位移主要由入渗雨水的渗流产生。

在设置右侧透水边界之前，正的孔隙水压力等值线近视水平分布，而在边坡达到稳定渗流状态并设置右侧透水边界之后，边坡浅层的孔隙水压力等值线近视平行于坡面。

对比图 5-62 和图 5-63 中的位移峰值可以发现，稳定渗流状态时，边坡的水平位移和竖向位移峰值都小于非饱和渗流状态时，这是因为稳定渗流状态下，边坡土体中不存在负孔隙水压力，完全处在饱和状态，水对土体有上浮作用，从而减小竖向位移。

图 5-64 为不同位置节点孔隙水压力随时间变化曲线，从图中可以看出，随着降雨过程的持续，雨水逐渐入渗，边坡负孔隙水压力逐渐增大，转变为正孔隙水压力，在孔隙水

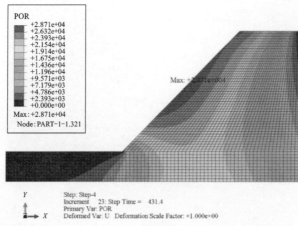

(a) 孔压

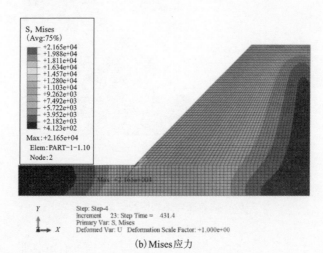

(b) Mises 应力

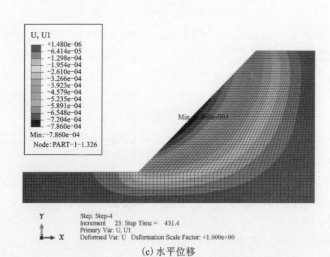

(c) 水平位移

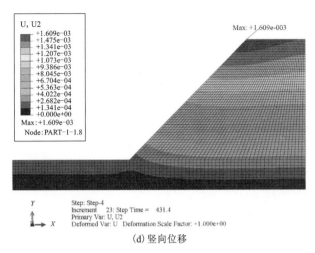

(d) 竖向位移

图 5-63　降雨作用下边坡内部达到渗流稳定时的计算结果

压力为-60 kPa 和-40 kPa 时曲线出现转折，负孔隙水压力随时间增加而增大的速度变慢，不同位置孔隙水压力曲线出现转折点的时间不同。在第 12152 s，即第四个分析步的起始时刻(此时边坡达到完全饱和)，由于设置右侧边界为排水边界，孔隙水压力曲线表现为突变，从之前的非饱和渗流状态跳跃至饱和渗流状态，正孔隙水压力减小。在进入稳定渗流状态之后，孔隙水压力保持一条直线，不再随时间变化。

图 5-65 为不同位置节点饱和度随时间变化曲线，由于节点位置差别，不同节点进入饱和状态的时间点不同，即便是坡顶部节点 7、8、274，由于节点 7 位于坡顶转折点，雨水更容易浸润，因此最先达饱和。

图 5-66 为不同位置节点水平位移随时间变化曲线，从图 5-66 中可以看出，水平位移绝对值经历一个先直线增大，然后曲线减小，再曲线增大的过程，在第 12152 s(非饱和渗流与稳定饱和渗流的分界时间点)达到最大值。在稳定饱和渗流状态下，各个点的位移都保持不变，同时其绝对值小于非饱和渗流状态的最大绝对值。

图 5-67 为不同位置节点竖向位移随时间变化曲线，从图 5-67 中可以看出，初始时刻竖向位移为负值，这是由于边坡土体在重力作用下下沉；随着降雨的持续，各个位置竖向位移值都逐渐增大，这是由雨水入渗，浮力增加所导致。

4.小结

本节结合基本土性参数，采用数值分析的方法模拟了各组模型试验边坡降雨入渗过程，分析了饱和与非饱和渗流过程中边坡的稳定性，并探讨了坡度和降雨量大小对降雨入渗和边坡稳定性的影响，主要结论如下：非饱和土土坡降雨入渗计算结果与模型试验测量结果表明，坡顶及降雨初期坡脚具有较高的负孔隙水压力，数值计算的孔隙水压力精度较低，正的孔隙水压力产生后，计算结果与测量结果吻合度较高。

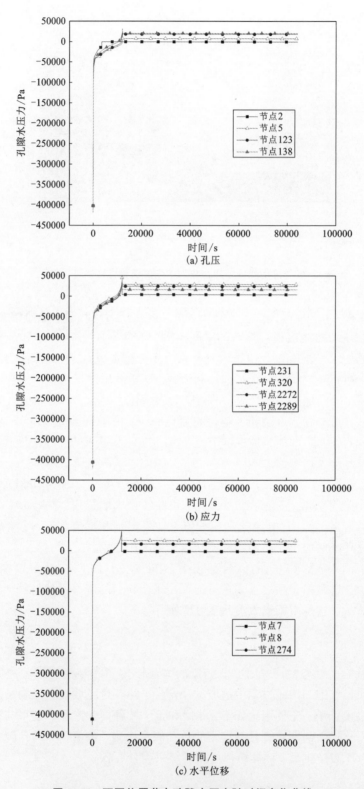

图 5-64   不同位置节点孔隙水压力随时间变化曲线

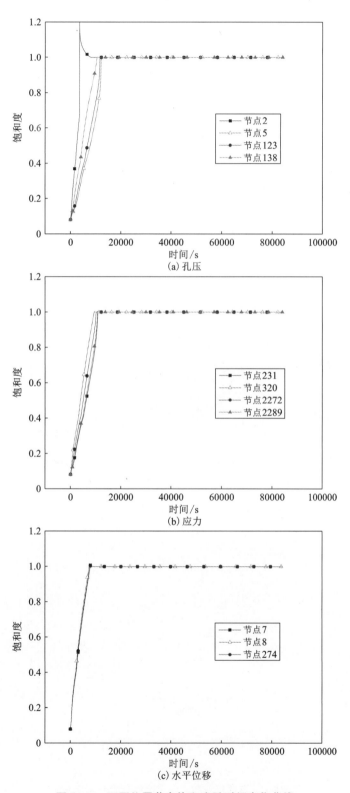

图 5-65　不同位置节点饱和度随时间变化曲线

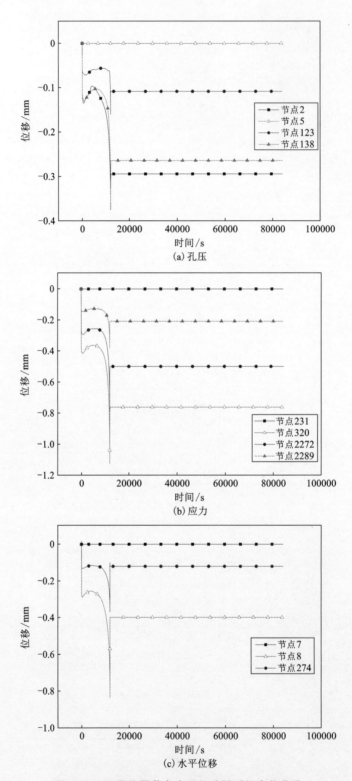

(a) 孔压

(b) 应力

(c) 水平位移

图 5-66　不同位置节点水平位移随时间变化曲线

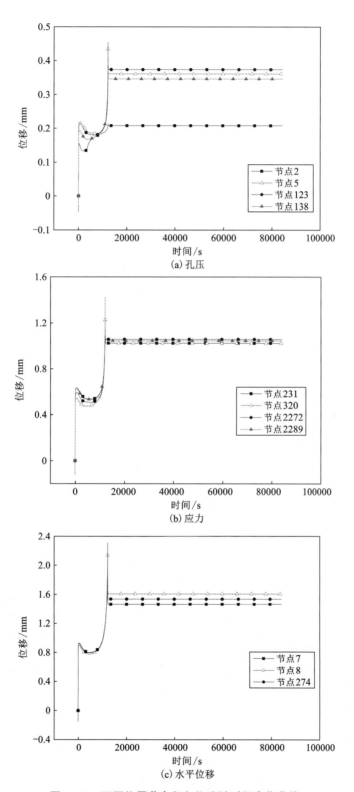

(a) 孔压

(b) 应力

(c) 水平位移

图 5-67　不同位置节点竖向位移随时间变化曲线

5.4 边坡加固效果数值模拟评估

通过以上未加固条件下开挖及降雨条件下边坡变形分析得知，随着开挖的进行，边坡回弹值逐渐变大，边坡稳定性逐渐降低，故对上部土层及强风化层建议进行浅层加固，对底部采用锚索及桩锚进行深层加固。本章将根据现场调查及前几章分析总结的边坡加固要点，利用锚杆、喷混、混凝土搅拌桩以及挡土墙等方法对边坡进行加固，通过 Midas/GTS 软件分析边坡加固对于边坡稳定性的影响。

5.4.1 边坡加固方案

通过前文对边坡破坏特征、变形监测、加固前开挖及降雨条件下边坡变形稳定性的分析可知，边坡加固需注意以下要点：

①对于浅层风化型滑坡，清除表面滑坡体，根据需要防止边坡进一步滑塌，及时采用锚杆以及喷射混凝土进行护坡。

②在开挖过程中，及时对每一级边坡喷射混凝土护面，防治边坡临空面岩体风化。

③对于溃屈破坏，边坡岩体沿层面产生蠕滑变形，在层面及浅层岩体遇水（降雨）软化及易风化特性的促进下，可推动弯曲溃屈区和折断区的岩层弯曲剪断。对于此类破坏的关键加固部位，其重要的加固区域为开挖边坡的中下部，特别是折断区和弯曲溃屈区的部位可采用锚索等加固措施进行支护。

研究选取的各计算剖面的具体加固方案如下：

第一级边坡的桩采用 C30 混凝土，35C32，钢筋面积 $A_s = 28147 \text{ mm}^2$，桩设计截面直径为 1500 mm，高 13.5 m，嵌入深度为 4.5 m，桩身预应力锚索采用 9Φs15.2，间距 1.2 m。第一级边坡按 0.669 的坡比削坡卸载，坡高为 10.9 m，并加格构锚杆支护，锚杆采用 1C25 钢筋，间距 2.4 m×3.6 m，锚固长度为 10 m。第二级边坡坡比为 0.833，坡高为 11 m；采用预应力格构锚索支护，锚索间距为 2.4 m×3.6 m，锚固长度为 10 m。具体加固方案如图 5-68 所示。

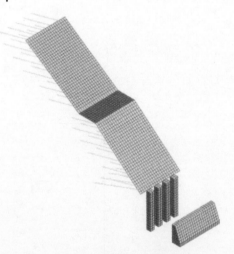

图 5-68　边坡加固示意图

5.4.2 数值模型建模

1. 模型整体网格

模型整体网格如图 5-69 所示。模型高度为 49.8 m，宽度为 95.3 m。模型单元总数为 77258 个，节点单元总数为 82045 个。其中，3D 实体单元数量为 75440 个，主要包括边坡土体单元、加固桩单元以及挡土墙单元；2D 板单元数量为 1380 个，主要是破面喷混凝土层；1D 单元 438 个，主要是锚杆单元。喷混和锚杆单元如图 5-70 和图 5-71 所示。

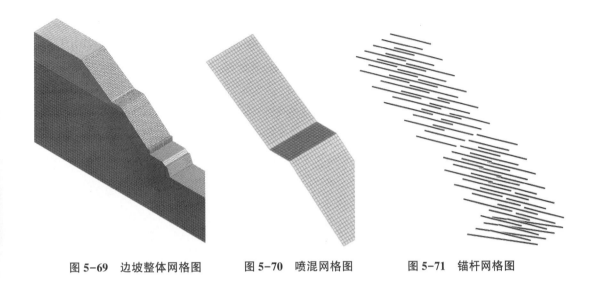

图 5-69　边坡整体网格图　　图 5-70　喷混网格图　　图 5-71　锚杆网格图

2. 边界条件与计算方法

模型边界条件设置方案为：在模型左右侧限制模型的水平方向位移，模型前后侧限制水平位移。模型底部限制其水平和竖向位移。模型顶部表面为自由面。此外，模型整体受到重力，以体积力的方式作用在整个模型上。详细情况如图 5-72 所示。

对于边坡安全稳定性分析，主要采用强度折减法进行。强度折减法是边坡稳定性有限元计算稳定性系数 F 中的一种方法。其原理简单概括为：计算中通过不断减小边坡的安全系数 F，将折减后的参数不断代入模型进行重复计算，直到模型达到极限状态，发生破坏，此时发生破坏前的值就是边坡的安全系数 F。

抗剪强度折减系数定义为：在外荷载保持不变的情况下，边坡坡体所发挥的最大抗剪切强度与外荷载在边坡内所产生的实际剪应力之比。当假定边坡内所有坡体抗剪强度的发挥程度相同时，这种抗剪强度折减系数定义为边坡的整体稳定系数。强度折减系数概念能够将强度储备安全系数与边坡的整体稳定系数统一起

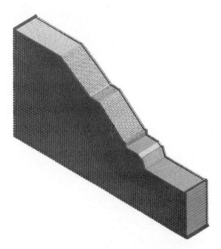

图 5-72　初始应力及边界条件

来，而且在有限元数值分析中无须事先确定滑动面的形状与位置，因此在实际中逐渐得到广泛应用。有限元强度系数折减法的基本原理是将坡体强度参数(黏聚力和内摩擦角值)同时除以一个折减系数 F，得到一组新的值，然后作为新的材料参数输入，再进行试算，利用相应的稳定判断准则，确定相应的 F 值为坡体的最小稳定安全系数，此时坡体达到极限状态，发生剪切破坏，同时又可得到坡体的破坏滑动面。

强度折减法的算法主要分为以下三个步骤：①建立边坡的有限元分析模型，赋予坡体各种材料采用不同的单元材料属性，计算边坡的初始应力场；初步分析重力作用下边坡的应力、应变和位移变化。②按一定的步长逐渐增大边坡的安全系数（即土体抗剪强度的折减系数）F，将折减后的强度参数赋给计算模型，重新计算。③重复第②步，如前所述，不断增大 F 的值，降低坡体的材料参数，直至计算不收敛，边坡发生失稳破坏，则计算发散前一步的 F 值就是边坡的安全系数。对于边坡本来就不稳定，第①步计算就不收敛的情况，在进行第②步和第③步计算时，安全系数应该逐渐减小，直至计算收敛，边坡获得稳定。

5.4.3 数值模拟计算结果及边坡稳定性评价

1. 位移分析

按上述设计方案对边坡关键部位重点加固后，通过静力分析可以求出边坡的位移以及加固体内部应力。图 5-73 为边坡整体的竖向位移云图，从图中可以看出，模型整体的竖向位移主要集中在模型上部分，其中，坡顶的竖向位移最大，达到了 114 mm，而在坡脚的位置只有 30 mm。

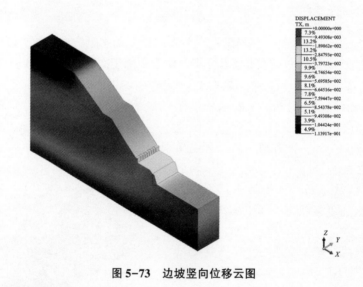

图 5-73 边坡竖向位移云图

图 5-74 为边坡整体的 X 方向水平位移云图。从图中可以看出，水平位移最大处发生在坡脚和坡顶的位置，其中沿 X 轴正向的最大值达到 12.3 mm，而沿 X 轴负向的最大值达到 17.6 mm。此时，边坡沿水平方向的位移较小，相对比较安全。

图 5-75 为边坡内锚杆的应力云图。从图中可以看出，锚杆的受力主要是集中在坡面附近。边坡上部的锚杆受力相对于底部的锚杆较小。同时，锚杆在破面位置的受力较大，最大值达到 390 MPa。从锚杆的应力分布图中可以看出，边坡在坡脚附近的滑动力较大，这一区域是加固的主要范围。

图 5-76 为喷混凝土层的应力云图，从图 5-76 中可以看出，整个混凝土层的应力分布层现阶梯变化，其中，位于坡顶处的应力相对较小，只有 376 kPa；而位于坡脚处的应力比较大，达到了 10.6 MPa。这说明，坡脚处发生破坏的可能性比较大，周围容易出现滑动破裂面。

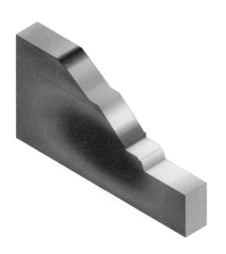

图 5-74　边坡水平方向位移云图

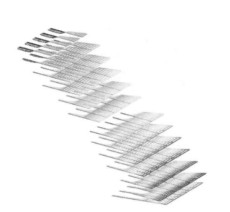

图 5-75　锚杆应力云图

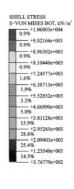

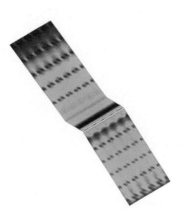

图 5-76　喷混应力云图

2. 边坡稳定分析

图 5-77 为通过强度折减法计算出来的边坡最大剪应力云图，从图 5-77 中可以看出，通过折减后，边坡内部的危险滑弧面此时对应的边坡安全稳定系数为 1.89。因此可以得出，本次加固措施通过强度折减法得出的安全系数要大于一级边坡的稳定系数 1.35，因此，通过设置锚杆、喷混凝土以及抗滑桩的加固方式能够确保边坡的稳定性。

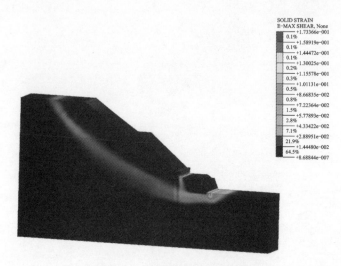

图 5-77　边坡最大剪应力云图

▶ 5.5　基于离散元的碎裂岩质边坡卸荷松弛特征研究

5.5.1　岩质边坡卸荷特征

工程岩质边坡的形成是一个动态的时空演化过程，从力学的角度分析，岩质边坡开挖是一个卸荷的过程，原岩在地质响应、开挖和其他扰动作用下其初始应力平衡状态被打破，经过二次应力调整，其应力大小和方向发生改变，形成新的应力场。自然界岩体具有一定的岩体结构并赋存于一定的地质环境中，大部分为损伤岩体，边坡开挖后处于不利条件的结构面在应力释放作用下会产生断开、扩展、贯通等现象，宏观表现为边坡强度劣化、裂隙变形加剧、稳定性降低。从时间尺度上来看，其变形模式分为开挖后短期的卸荷回弹、裂隙萌生、扩展、贯通和长期内外营力作用下的强度劣化产生的蠕变甚至破坏。

边坡卸荷作用本质是外动力地质作用引起的原岩应力降低、岩体结构松弛，其外在表现是变形产生与裂隙发育，在时间与空间上呈不均匀分布。卸荷岩体主要特征如下：①临空面岩体卸荷回弹，岩体松动、开裂；②原有结构面扩张、贯通，产生新的结构面；③风化营力作用加深加剧；④卸荷为地下水活动提供了通道，水-岩作用显著；⑤RQD 值、波速值降低。以上综合作用导致岩体力学参数减小、结构松散，稳定性降低。

5.5.2　颗粒流法理论

颗粒流程序(particle flow code，PFC)数值模拟技术，其理论基础是 Cundall 于 1979 年提出的离散单元法，用于颗粒材料力学性态分析，它通过圆球形(或异型)离散单元来模拟颗粒介质的运动及其相互作用，由平动和转动运动方程来确定每一时刻颗粒的位置和速度。颗粒流方法不受变形量限制，能有效模拟介质的开裂、分离等非连续现象，揭示复杂条件下微细介质的累积损伤与破坏机理，近年来颗粒流法在工程问题中获得大量的尝试和应用。

PFC 的基本思想是采用介质最基本单元(粒子)和最基本的力学关系(牛顿第二定律)来描述介质的复杂力学行为，故是一种本质性和根本性的描述。颗粒的运动遵循牛顿第二定律，颗粒间的接触遵循力-位移准则。PFC 迭代过程如图 5-78 所示。

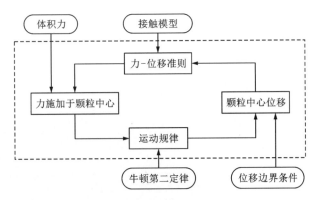

图 5-78　PFC 迭代过程示意图

5.5.3　边坡开挖颗粒流模拟

1. 工程背景

高边坡位于铜鼓至万载高速公路 B5 标段桩号 K49+307.05～K49+459.57 处，全长 152.52 m，最大开挖深度 26.8 m。根据工程地质调绘及钻探揭露，将边坡岩土体划分为 4 个地层(见图 5-79)，从上到下依次为黏土(Q_4^{dl+el})、全风化千枚岩(Ptshly)、强风化千枚岩(Ptshly)、中风化千枚岩(Ptshly)。

边坡区地震基本烈度为Ⅵ度，地下水主要为松散层孔隙潜水及基岩裂隙水，水文地质条件简单。边坡分五级开挖，每级开挖高度为 8 m。

2. 模型建立

根据实际尺寸建立模型，模型由 3 个墙体和 22680 个颗粒组成，颗粒间接触采用线性接触，颗粒间黏结采用平行黏结。左右边界为法向约束，底边界为法向和切向约束，上部为自由边界。建模过程如下：根据工程地质剖面图建立 CAD 概化模型，采用 3DFACE 命令设置颗粒投放区域，并使用动态膨胀法和边界伺服法生成指定级配和孔隙率的颗粒，依据

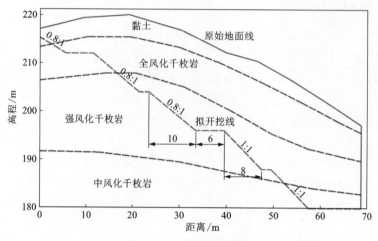

图 5-79 工程地质剖面图

开挖顺序设置粒组,然后施加重力、模拟平衡后,清除漂浮颗粒,颗粒位移、速度清零。为真实模拟开挖工况,将模型分为 8 组,模拟施工过程进行分步开挖,如图 5-80 所示。

3. 参数选取

在一般的工程模拟中,岩土体力学特性通过宏观物理力学实验结果来直接赋值,而颗粒流基于分子动力学思想,从微观的角度研究介质的力学

图 5-80 PFC 2D 边坡模型图

特性和行为。计算时不需要定义宏观本构关系和对应的参数,而是采用局部接触来反映宏观问题。微观参数的获取通过模拟双轴试验和巴西试验,调整微观参数使其得出的宏观特性(弹性模量、泊松比、摩擦力、内聚力等)与真实试验一致,岩体的宏观参数和标定后的微观参数如表 5-7 所示。

表 5-7 宏观参数取值

岩性	密度 $\rho/(kg \cdot m^{-3})$	弹性模量 E/GPa	泊松比 γ	内摩擦角 $C/(°)$	内聚力 φ/kPa
全风化	2617	4.1	0.31	35.6	243
强风化	2720	4.3	0.27	37.2	259
中风化	2831	4.6	0.23	38.3	271

5.5.4　结果分析

模型建立后，进行开挖计算分析，从能量、位移这两个角度分析边坡卸荷变形规律及破坏机理。

1.能量分析

边坡开挖卸荷既是应力重分布的过程也是能量释放、转移的过程，PFC 可以在计算过程中对黏结能、应变能等 6 类能量进行追踪记录，为研究卸荷过程中的能量演化规律提供途径。

根据能量耗散理论，在边坡卸荷过程中存在如下能量等式：$\Delta U = U_d + U_e + U_k$。其中 ΔU 为外力做功；U_d 为摩擦能；U_e 为总应变能，等于接触应变能和黏结应变能的总和；U_k 为动能。边坡卸荷过程能量曲线如图 5-81 所示，其在满足能量等式的同时反映能量演化规律。

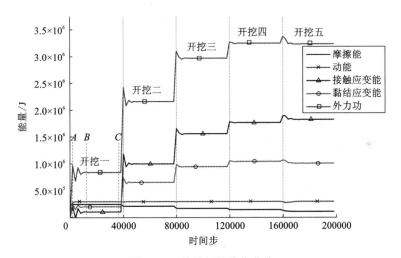

图 5-81　能量耗散演化曲线

由图 5-81 可知，边坡的开挖能量演化曲线表现阶梯状特征，每一级能量变化曲线形态基本一致，大致可分为三个阶段。以第一步开挖为例进行分析。

OA 段：能量骤变阶段，开挖瞬间边界颗粒受到很大的不平衡力，颗粒瞬时速度很大，能量在极短的时间内释放出来。

AB 段：能量波动阶段，随着应变能向坡内传播，一部分能量转化为深部岩体的应变能，一部分能量以动能和摩擦能的形式释放出来，其变化率越来越小。

BC 段：能量平稳阶段，随着能量的释放，岩体逐渐发挥其自稳能力，能量主要以接触应变能和黏结应变能的形式储存起来。

每一级开挖卸荷过程都是能量急剧变化和释放的过程，外力做功大部分转化为弹性应变能和黏结应变能储存在岩体中，颗粒运动和裂纹扩展所耗能量较小，摩擦能和动能只占很小的比例。随着卸荷的进行，存储应变能比例逐渐增大，应力越来越集中。这佐证了开挖是边坡产生应力集中、变形破坏的重要影响因素。

2. 位移分析

通过编制 FISH 函数，按照颗粒竖向位移大小赋予其不同颜色，获取边坡每一级开挖后竖向位移云图，如图 5-82 所示。由图 5-82 可知，第一级开挖后，临空面颗粒突然受到向上的不平衡力，颗粒向上运动，卸荷回弹释放应力，其变形量随深度总体呈现衰减变化的规律。随着应力释放，边坡变形趋于稳定，开挖坡脚处变形最大，达到 8 cm。每一级台阶开挖都伴随着卸荷回弹和应力集中转移，变形进一步加深加剧。边坡开挖完毕后，卸荷变形最剧烈的部位位于三级坡面，其变形量最大为 15 cm；二级坡和四级坡变形次之，变形 10~13 cm；一级坡变形 6~10 cm；五级坡变形最小。本算例中，卸荷区变形的主要影响因素有岩土体性质、临空条件及卸荷深度。三级边坡处为强风化千枚岩，平均卸荷深度达 19 m，临空面大，受开挖扰动强烈，故其卸荷变形最大。边坡开挖三级坡时应采取预防措施，防止变形坍塌，二级坡和四级坡存在潜在滑动的可能性，应引起重视。

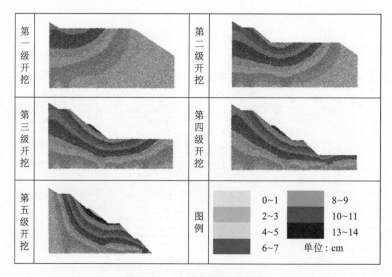

图 5-82　边坡卸荷位移云图

5.5.5　探地雷达卸荷区探测

探地雷达利用高频电磁波(1~10 GHz)，通过发射机将电磁波发射向坡内，当电磁波遇到电性差异较大介质时产生反射，由接受天线接受反射波，将波形信号数字化后以图片的形式储存在电脑中，对地质雷达剖面进行解读可判断目标体的性质和状态。

边坡在卸荷作用下应力释放会产生裂隙，裂隙中充满水、空气等杂质，裂隙两侧的岩体呈均一完整状，两者介电常数和导电率相差较大会形成较强电磁波反射，理论上为探地雷达探测边坡卸荷区提供了可能性。本次探测采用美国劳雷公司产 SIR-20 型地质雷达，采用 100 MHz 天线，采样步长为 0.5 m，采样点 512，时窗 200 ns。雷达电磁波记录深度范围为 200~250 ns。沿倾向方向顺坡布置了 3 条测线，分别位于二级、三级和四级坡面。

雷达探测波形如图 5-83 所示，水平方向为沿坡面的探测长度，竖直方向为探测深度。分析所测地质雷达图像特征，图 5-83(a)中深度 0.5~2.5 m 区域呈现明显的同相轴不连续、缺失的错段现象，呈杂乱无章的反射波形，判断为卸荷裂隙；深度 2.5~5 m 区域横轴 8 m 处局部出现同相轴不连续，异常反射现象，判断为局部深度裂隙；深度 5~12.5 m 区域波形规则，同相轴平直连续，说明岩体完整性较好，无裂隙。深度 0~0.5 m 为无效信号，应予减去，故二级边坡卸荷裂隙深度为 2 m，局部卸荷作用较强，卸荷深度达到 4.5 m，浅层裂隙大多平行于坡面，破坏形式为拉裂隙。同理，对图 5-83(b)、图 5-83(c) 进行分析可知，三级边坡卸荷深度为 2 m，四级边坡卸荷深度为 2 m，局部为 2.5 m。

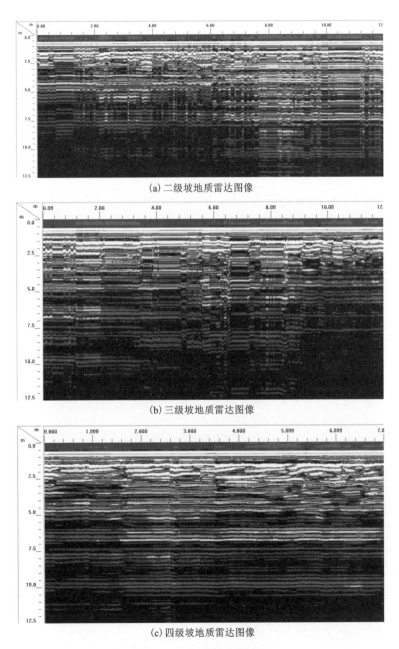

(a) 二级坡地质雷达图像

(b) 三级坡地质雷达图像

(c) 四级坡地质雷达图像

图 5-83　探地雷达波形图

边坡卸荷效应主要表现为变形增大和裂隙增多，利用 PFC 模拟能有效得到边坡卸荷后整体的变形程度和变形特征，但不能定量确定卸荷区的范围。采用地质雷达能有效确定局部边坡卸荷后的裂隙发展情况，但不能反映整个边坡的裂隙分布规律。本书将 PFC 模拟结果与地质雷达成果相结合，形成互补，综合分析边坡开挖后的卸荷区特征，根据其卸荷程度和卸荷区域将边坡分为三个分区，即开挖损伤区、卸荷影响区和轻微扰动区，如图 5-84 所示。

开挖损伤区为变形大于 13 cm 且裂隙发育区，是边坡的主要变形区，该区域卸荷裂隙明显错动或张开，卸荷变形大，抗剪强度低，是边坡最危险区域；卸荷影响区为变形在 2~13 cm 且局部有裂隙区，是边坡的次要变形区，受卸荷和应力释放作用，局部产生裂隙，经风化作用可进一步发展，为潜在危险区域；轻微扰动区为变形小于 2 cm 且裂隙轻微区，是边

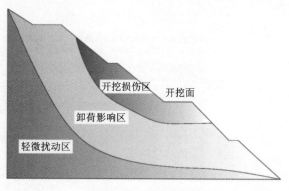

图 5-84　卸荷分区图

坡的轻微变形区，主要由卸荷弹性变形产生，受卸荷扰动影响轻微，局部应力调整，对原岩影响较小。

三级边坡及其临近区域为开挖损伤区，裂隙发展和变形较严重，有破坏或局部坍塌的可能性，应引起重视。卸荷影响区范围较大，涉及整个开挖面，影响深度约 17 m，为潜在破坏面，建议加强后续变形监测。

5.6　本章小结

本章通过在模型上制造人工降雨的形式，研究分析了不同边坡的渗流情况，最后对实验数据进行整理与分析，主要结论如下：

①边坡开挖过程是应力释放、变形发展、裂隙扩张的复杂过程，其能量耗散演化曲线呈阶梯状，每一级卸荷其演化曲线可分为能量骤变、能量波动、能量平稳三个阶段，外力功大部分以应变能的形式存储在岩体中，一部分以摩擦能和动能的形式耗散。

②边坡变形随着开挖不断地发展、加剧，临空面变形最大，呈现向坡内变形衰减的趋势。对于本章算例，三级坡卸荷效应最显著，二级坡和四级坡变形次之。

③采用探地雷达对二、三、四级坡面卸荷裂隙进行了探测，探测波形较好，具有较强的辨识度，平均卸荷深度为 2 m，二级坡局部卸荷深度达到 4.5 m，表明探地雷达对边坡卸荷区的探测具有可靠性和实用性。

④本书基于 PFC 模拟和探地雷达探测提出一种新的边坡卸荷分区判定方法，将边坡分为开挖损伤区、卸荷影响区和轻微扰动区。三级边坡及其临近区域为开挖损伤区，有破坏或局部坍塌的可能性，应引起重视。

第 6 章

考虑填方与挖方结合的异型路基稳定性分析

　　当高速公路沿沟谷布置时,必然出现大量的挖填方结合部(见图 6-1),容易出现不均匀沉降,从而导致路面开裂,影响公路的正常使用。本章以异型断面路基为研究对象,重点对挖填方结合部的受力和变形特征进行分析,为异型断面路基的优化设计、稳定性分析以及沉降预测提供理论依据和技术指导。

　　对于填方区,主要考虑填土的物理性质,例如土体的压缩性决定了路基稳定性,土的压缩性即土的变形性质,是土的工程性质中最重要的组成部分之一,与高填路基的稳定和正常使用关系密切。而且对于填方区,其稳定性对于路基的影响特别大,如果在填方区发生边坡滑动,那么将直接导致路基发生断裂,严重影响道路的安全。对于挖方区,由于原有土体被移除,部分区域土体将发生回弹,这将造成挖方结合部结构物产生变形,进而导致公路路基发生不均匀沉降。因此,本章将分别对填方以及挖方工程进行研究。

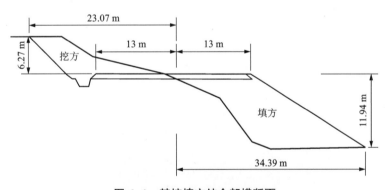

图 6-1　某挖填方结合部横断面

▶ 6.1　异型路基填方区对于路基稳定性的影响分析

　　高填路基差异沉降主要由施工期沉降和工后沉降组成。施工期沉降是指从路基开工到路基填筑完成时,其间产生的沉降,是伴随着路基填筑施工的一个持续过程。工后沉降是从路基填筑结束后,一个较长的时间内,受上体自重、上部路面施工和行车荷载的影响产生的沉降。引起高填路基差异沉降变形的因素很多,路基周围存在填方区的时候,填土的压实性、填土的土性、填方区的坡度等因素都将影响到边坡的稳定性。

6.1.1 填土属性对于填方区边坡的影响分析

为了研究填方区土性质对路基沉降的影响，针对各种性质土体建立有限元路基模型，模拟实际工程中不同路基填料，分别计算在路堤坡度与高度相同的情况下，不同填土性质下路基顶面的最大沉降量。土体属性表如表 6-1 所示。

表 6-1　土体属性表

土质	容重/(kN·m⁻³)	泊松比	黏聚力/kPa	摩擦角/(°)
亚黏土	17.0	0.35	25	20
砂土	18.5	0.35	20	25
卵石土	21.5	0.30	30	25
碎石土	22.5	0.30	40	30
软质基岩	26.0	0.25	55	40

1. 有限元模型及网格

以往对路堤、隧道、水坝等无限长带状物体的研究，常常认为不会沿延伸方向发生变形，可以简化成平面应变问题进行分析。计算过程中迭代采用牛顿迭代方法。建立有限元模型，考虑边界的影响，模型左侧高度为 70 m，宽度为 100 m，右侧高度为 50 m。模型中，填方区的坡度为 1∶1。模型中单元总数为 1213 个，节点总数为 1269 个。整个网格模型由四边形和三角形网格共同组成，具体如图 6-2 所示。

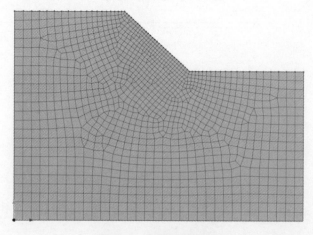

图 6-2　有限元网格图

模型的边界条件设置：在左右两侧的边界面上设置水平方向约束，在模型底部边界上约束其水平和竖直方向位移。模型整体的受力为竖直方向的重力场。本次计算暂时未考虑降水影响，故不设置水头边界。边界条件和静力荷载如图 6-3 所示。

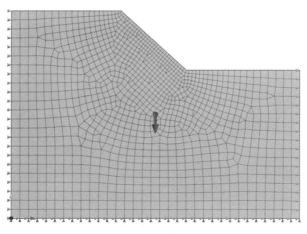

图 6-3　边界条件和静力荷载

2.计算结果

依次选择亚黏土、砂土、卵石土、碎石土、软质基岩等几种性质的土进行计算。图 6-4 和图 6-5 为土层选择亚黏土时边坡的位移云图。从图 6-4 和图 6-5 中可以看出，坡顶位置处的水平向位移较大，此处容易发生滑动，应该进行加固处理。此外，从竖向位移云图中可以看出，相对于边坡处，路基位置的沉降较大，因此需要对路基填土进行夯实与加固，确保路基安全，避免发生较大变形。

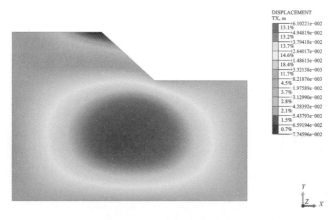

图 6-4　X 方向位移云图

图 6-6 为不同土质作为填方区填料时，路基的沉降曲线。从图 6-6 中可以看出，填土属性对于路基的沉降有较大影响。对于土性较软的亚黏土而言，路基的沉降比较大，随着土性变硬，路基的沉降呈现逐渐减小的趋势。对于土质较硬的软质基岩，其上方路基的沉降量最小。这主要是由于土的黏聚力和内摩擦角一直在增大，导致土的强度增大，土体内部发生滑动的趋势减小，整体填方区土层性质比较稳定。

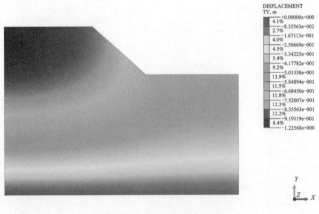

图 6-5　Y 方向位移云图

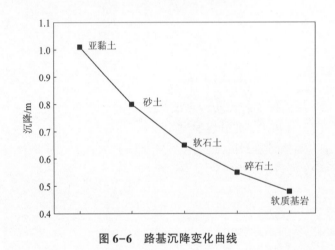

图 6-6　路基沉降变化曲线

6.1.2　填方区坡度对路基稳定性的影响

确定危险滑动面是路基设计的重要内容,当边坡角度比较大时,危险滑动面不仅在路基填土内,还可能出现在填土交接面以及倾斜面,因此研究填方区坡度对挖填方结合部稳定性的影响具有重要意义。本节采用有限元软件,基于强度折减法计算出不同填方区边坡坡度所对应的安全系数,并求出最大剪应力面,判断边坡滑动区位置。

计算模型同上一节相似,依据每一个坡度建立一个有限元模型,模型采用两侧水平约束的方式,模型受到的荷载为重力。计算过程中,通过强度折减的方法,依次改变土体的参数,计算最不利滑动面,最后求得填方区的最安全稳定系数以及滑裂面位置。

图 6-7~图 6-11 为不同填方区坡度模型计算结果。其中,坡度从 1∶0.9 逐渐减小为 1∶1.3。从图中可以看出,模型的剪切带比较清楚,基本出现在坡顶到坡脚的圆弧面。对于坡度比较大的模型,剪切带相对较短,滑动区范围较小;对于坡度比较小的模型,剪切带较长,滑动区影响范围较大。最大剪应力出现的位置都是滑弧面的底部,即坡脚位置处,且坡度越大,坡脚处的最大剪应力也越大。

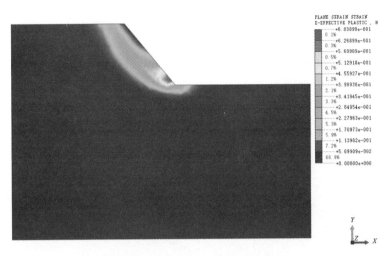

图 6-7　坡比 1：0.9 时危险滑动面

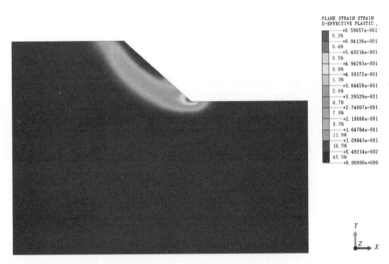

图 6-8　坡比 1：1 时危险滑动面

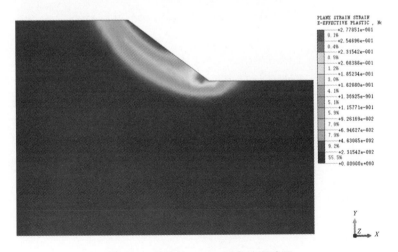

图 6-9　坡比 1：1.15 时危险滑动面

图 6-10　坡比 1∶1.25 时危险滑动面

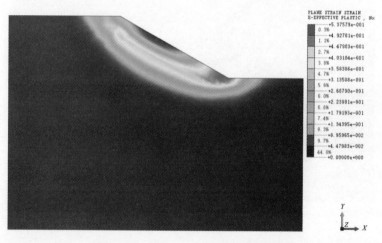

图 6-11　坡比 1∶1.3 时危险滑动面

　　图 6-12 为依据不同坡度的数值模型，采用强度折减法计算得到的边坡稳定系数。从图 6-12 中可以看出，当边坡坡比为 1∶0.9 时，安全稳定系数只有 0.98。此时边坡容易出现危险滑动状态。当坡比增大到 1∶1 时，安全稳定系数达到 1.15。此时边坡趋向于稳定状态，但是如果出现大量降雨，土体内部将产生渗流，这可能会导致土体的抗剪强度损失，影响边坡稳定性。当坡比减小到 1∶1.15 时，此时的安全稳定系数达到 1.25。随着坡比的减小，安全稳定系数也一直在增加，当坡比达到 1∶1.3 时，安全稳定系数达到最大的 1.48，此时边坡相对比较安全。

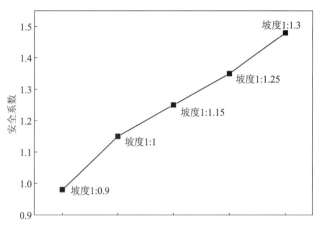

图 6-12　安全系数与坡度关系曲线

6.2　异型路基挖方区开挖对于路基稳定性的影响分析

对于异型路基挖方区，由于部分土体影响路基的安全，因此需要将其移除。对于挖方区周围的土体而言，土中的应力得到释放后将产生回弹现象。这会影响原有路基的稳定性，造成挖方结合部出现差异沉降，影响公路的安全。本小节基于上述问题，采用数值方法进行分析，揭示土体开挖对于周围结构、路基的影响机理。

6.2.1　挖方区有限元模型

连续介质有限元计算模型采用平面对称模型模拟，计算总体模型取长度 230 m、深度 110 m，减小边界对于周围土体扰动的影响。模型左边界与右边界施加 X 向位移约束，模型底部边界施加全约束。整体有限元模型如图 6-13 所示。

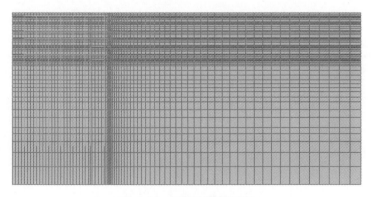

图 6-13　整体有限元模型

各层土体假定为等厚、均质、各向同性，土体本构模型采用弹性模型，计算参数如表 6-1 所示。土体选用 CAX4P 孔压单元，结构与土体的相互作用采用软件中接触面来模拟。

6.2.2　挖方区开挖结果分析

图 6-14 和图 6-15 分别为土体在自重作用下形成的初始地应力场。计算得到地表以下 110 m 深度处（即模型底部）竖直方向的地应力约为 $-1.41×10^6$ Pa，水平方向的地应力约为 $-8.46×10^5$ Pa。

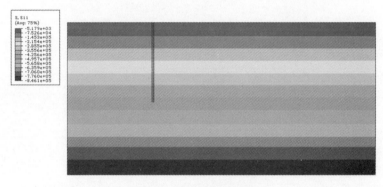

图 6-14　横向初始地应力

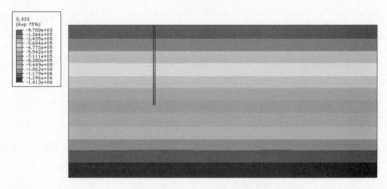

图 6-15　竖向初始地应力

开挖至第一层层底时土体的变形云图如图 6-16、图 6-17 所示。从图 6-16 中可以看出，此时开挖区开挖对于周围土体影响较小。周围土体变形基本保持在 10 mm 以下。

完成第二级开挖后土体的变形云图如图 6-18、图 6-19 所示。从图 6-18 中可以看出，土体开挖后，部分区域变形略微增大，但是整体上不超过 6 mm，最大变形发生在开挖区边缘位置。

完成三级开挖后土体的变形云图如图 6-20、图 6-21 所示。从图 6-20 中可以看出，土体开挖后，部分区域变形继续增大，但增加幅度较小，且最大变形依旧发生在开挖区边缘位置。

第四次土体开挖后，开挖区附近的土体继续发生变形，变形云图如图 6-22、图 6-23 所示。其中开挖区底部发生向上的隆起变形，隆起量最大达到了 67 mm；开挖区外侧土体发生向下的沉降，最大沉降在开挖区边缘附近，最大沉降量达到了 23 mm。

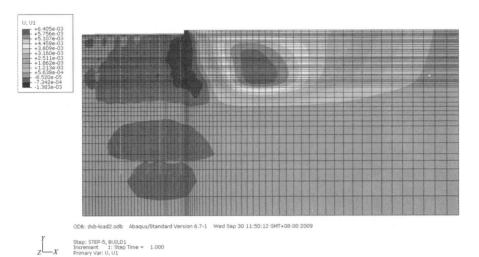

图 6-16　第一次开挖完成后土体的水平位移云图

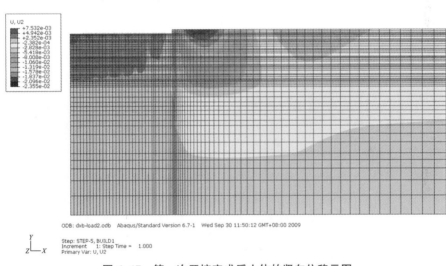

图 6-17　第一次开挖完成后土体的竖向位移云图

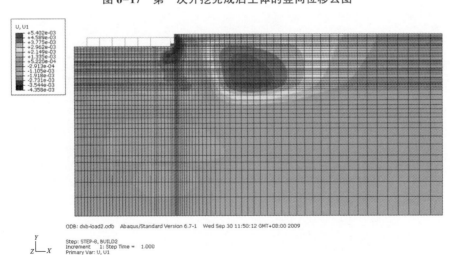

图 6-18　第二次开挖完成后土体的水平位移云图

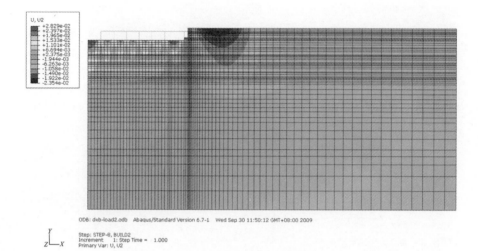

图 6-19　第二次开挖完成后土体的竖向位移云图

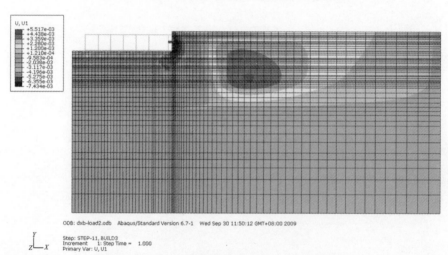

图 6-20　第三次开挖完成后土体的水平位移云图

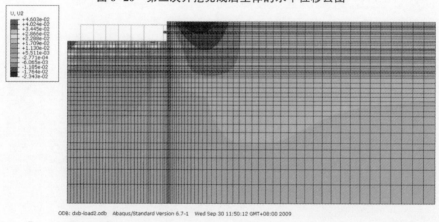

图 6-21　第三次开挖完成后土体的竖向位移云图

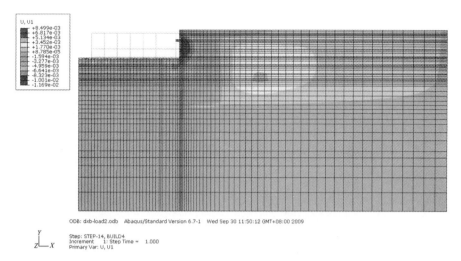

图 6-22　第四次开挖完成后土体的水平位移云图

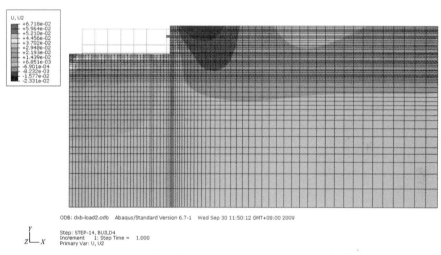

图 6-23　第四次开挖完成后土体的竖向位移云图

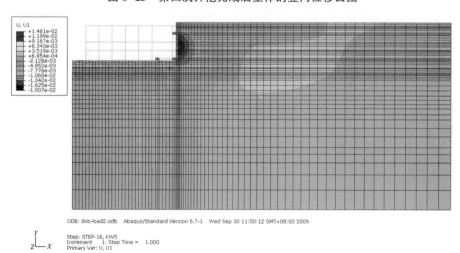

图 6-24　第五次开挖完成后土体的水平位移云图

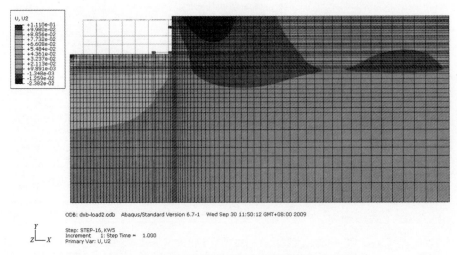

图6-25 第五次开挖完成后土体的竖向位移云图

从图6-24和图6-25可以看出,当开挖至底部后,开挖区外土体的最大水平位移为45.53 mm,且土体最大侧移发生在地面以下28 m处;开挖区内最大回弹为100.4 mm;地表最大沉降为29.09 mm,且距离开挖区越远地表沉降量越小,距离开挖边界80 m处,地表沉降仅为1.17 mm。

图6-26为不同开挖步时开挖区外土体的水平位移沿深度变化的曲线。从图6-26中可以看出,随着开挖深度增大,开挖区外土体的水平位移逐渐增大,且发生最大位移的位置随着开挖深度的增加而下移。开挖到底部时外侧土体最大位移43 mm,最大位移位于地面以下28 m处。

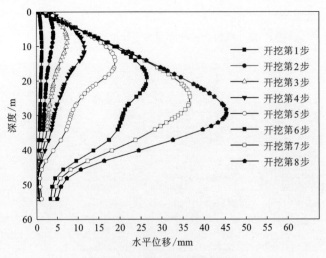

图6-26 土体水平位移曲线

图6-27为开挖区外侧顶部土体、中部土体和底部土体回弹随施工步的变化曲线,

图 6-27 中每个施工步沉降量代表一次降水开挖结束后土体的变化量，因此将整个降水开挖过程分为 8 个施工步。可以看出第一次开挖结束后顶部土体产生较小的回弹，从第二次开挖到第五次开挖期间，顶部土体沉降呈线性增加，增长速度较快，在最后两次开挖时沉降的增长速度降低。开挖至底部时顶部土体的沉降量达 10 mm。

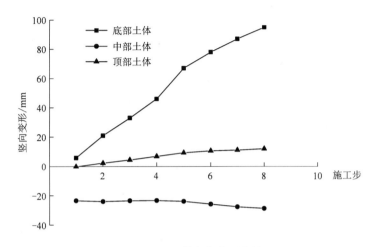

图 6-27　土体竖向变形曲线

图 6-29 为地表沉降曲线，地表沉降量最大为 26 mm，最大沉降点发生于距离开挖区 15 m 处。在距离开挖区 80 m 处的位置，地表沉降已经很小，仅为 1.8 mm。通过开挖对周边影响的有限元分析可以看出，由于采用了逐步开挖施工方法，开挖对周边环境的影响在开挖区外 80 m 范围之内，采用分步开挖方案实现了对周边环境的保护。因此，挖方区开挖过程中，为了避免出现较大的路基变形以及挖方结合部的差异沉降，需要分步进行开挖。

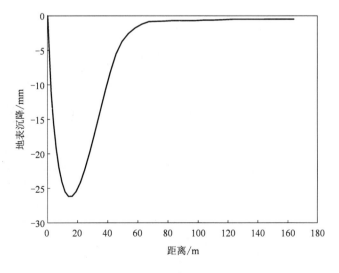

图 6-29　地表沉降曲线

▶ 6.3 本章小结

本章基于实际工程背景,针对填方区与挖方区施工对于路基稳定性的影响,采用有限元软件进行分析,主要结论如下:

①从路基的沉降曲线图中可以看出,填土属性对于路基的沉降有较大影响。对于土性较软的亚黏土而言,路基的沉降比较大,随着土性变硬,路基的沉降呈现逐渐减小的趋势。对于土质较硬的软质基岩,其上方路基的沉降量最小。

②填方区剪切带比较清楚,基本出现在坡顶到坡脚的圆弧面。对于坡度比较大的模型,剪切带相对较短,滑动区范围较小;对于坡度比较小的模型,剪切带较长,滑动区影响范围较大。最大剪应力出现的位置都是滑弧面的底部,即坡脚位置处,且坡度越大,坡脚处的最大剪应力也越大。

③由挖方区地表沉降曲线可知,地表沉降量最大为 26 mm,最大沉降点发生于距离开挖区 15 m 处。在距离开挖区 80 m 处的位置,地表沉降已经很小,仅为 1.8 mm。通过开挖对周边影响的有限元分析可以看出,由于采用了逐步开挖施工方法,开挖对周边环境的影响在开挖区外 80 m 范围之内,采用分步开挖方案实现了对周边环境的保护。

第 7 章

研究结论

    本书结合铜鼓至万载高速公路项目,对移动荷载作用下高速公路桥梁的稳定性、破碎带围岩与隧道支护的相互作用机理及隧道动力响应、路堑高边坡变形监测与稳定性控制等问题进行深入研究,得到了以下结论。

    ①平面内振动的周期性高架桥结构内第一类晶格波沿高架桥结构衰减较快,沿结构传播距离较短;对于第二类晶格波,在计算频率范围内,禁带域与通带域交替出现;而第三类晶格波的虚部在较大频率区域内较小,表明结构中振动传播的是第三类晶格波。当计算频率较小时,周期性结构中三种晶格波的复波数相对较大,表明在较小频率时振动波难以沿周期性结构传播。因此,设计高架桥结构时,基本主频不能在较小频率区域,否则极易引起能量集中,造成结构破坏;随着周期性高架桥结构水平梁刚度、水平梁-梁弹簧接头刚度增大,高架桥结构中振动晶格波衰减将减慢,振动波传播速度增大,振动传播距离也会增大。

    周期性结构在距离地震波振源较远处的振动特性主要是由结构中传播的特征波决定的,当地震波振源频率位于周期性高架桥结构的通带域时,振动特征波衰减较慢,振动能够在周期性结构中传播,因此在距离振源较远处,振动不会衰减。当入射地震波的频率处于周期性高架桥结构的禁带域时,高架桥结构只在振源附近有响应,振动波在高架桥结构中迅速衰减,不能沿结构传播。

    ②基于最优理论与多目标校准的反分析方法,本书对围岩参数进行了分析;基于反分析结果,通过数值模拟方法研究隧道施工对环境所产生的影响。从计算结果中可以发现:狮子垴二号隧道开挖完后,水平方向最大位移只有 7 mm,水平方向上位移的变化量值比较小,所以认为横向是收敛的;狮子垴一号隧道开挖完成后隧道上方的土体整体发生沉降,沉降趋势逐渐向上影响到地表,导致岩体表面发生沉降,而隧道拱底此时的隆起也达到最大。

    通过 Fourier 积分变换和基于虚功原理,形成了频域-波数域比例边界有限元法,分析了移动荷载作用下半空间域中的动力响应问题,从文中的理论推导与计算分析可知:利用时间-空间到频域-波数域的积分变换,可使 3D 的移动荷载问题转化为 2D 平面内分析问题,并且在隧道孔洞横截面环向上采用有限元法意义离散,提出的频域-波数域建立比例边界有限元方程,不仅可避免无穷边界计算处理误差,而且可极大地减少计算分析量。

    半无限弹性地基的振动响应随移动荷载速度的增大而增大,尤其是当荷载速度增大到土体剪切波速后,振动波传播到土体表面,引起土体振动显著增大,土体振动性增强,将会对土体及隧道结构的安全性形成一定影响。另外，沿隧道拱周边的纵轴向振动衰减比竖向慢。

③通过对铜万高速公路滑动危险性高且开挖施工中发生过滑塌的 K49+320～K49+440 右侧路堑高边坡进行安全监测，结合各监测项目的监测数据可知，边坡的变形主要受降雨作用的影响，无论是地下水位的变化，还是边坡岩土体内部位移的变化，与三次长历时降雨都有很强的相关性。结合监测数据可得出以下结论：

四级边坡平台排水较好，后期未见地下水位的明显抬升，二级平台排水效果较差，地下水位受降雨影响较大，故建议对边坡进行"上截下排"，边坡表面堵住下渗通道，坡脚设置水平排水孔。在 2016 年 7 月 4 日前后发生长历时强降雨，降雨强度达到 28.2 mm/h 的作用下，二、四级的测斜孔和多点位移监测点均发生位移的突变，故建议提前注意天气预报情况，强降雨期间应加密观测，同时进行人工巡视。从测斜孔各测点临空面方向的水平位移大小分布位置可知，发生位移最大的均位于距孔口 9～12 m 的位置，不排除边坡具有深层圆弧滑动的可能，需要进一步加强观测。同时建议加密监测点数量。针对挡土墙发生错动的问题，建议利用裂缝计对错缝进行监测，如条件许可，可在挡土墙内布置测斜孔，进行人工测斜观测。

对边坡采取整体加固的方式，通过设置锚杆、喷混凝土以及抗滑桩的加固方式能够确保边坡的稳定性。通过数值分析得到：模型整体的竖向位移主要集中在模型上部分，其中，坡顶的竖向位移最大，达到了 114 mm，而在坡角的位置只有 30 mm。从边坡整体的水平位移云图中可以看出，水平位移最大处发生在坡脚和坡顶的位置，其中沿 X 轴正向的最大值达到 12.3 mm，而沿 X 轴负向的最大值达到 17.6 mm。此时，边坡沿水平方向的位移较小，相对比较安全。

通过强度折减法计算边坡最大剪应力云图，此时对应的边坡安全稳定系数为 1.89。因此可以得出，本次加固措施通过强度折减法得出的安全系数要大于一级边坡的稳定系数，因此，通过设置锚杆、喷混凝土以及抗滑桩的加固方式能够确保边坡的稳定性。

④从路基的沉降曲线图中可以看出，填土属性对于路基的沉降有较大影响。对于土性较软的亚黏土而言，路基的沉降比较大，随着土性变硬，路基的沉降呈现逐渐减小的趋势。对于土质较硬的软质基岩，其上方路基的沉降量最小。对于坡度比较大的模型，剪切带相对较短，滑动区范围较小；对于坡度比较小的模型，剪切带较长，滑动区影响范围较大。最大剪应力出现的位置都是滑弧面的底部。

参考文献

［1］ 温激鸿，韩小云，王刚，等.声子晶体研究概述［J］.功能材料，2003，34（4）：364-367.

［2］ SIGALAS M M, ECONOMOU E N. Attenuation of multiple scattered sound［J］. Europhysics Letters, 1996, 36：241-246.

［3］ MANGARAJU V, SONTI V R. Wave attenuation in periodic three-layered beams：analytical and FEM study ［J］. Journal of Sound and Vibration, 2004, 276（3-5）：541-570.

［4］ KUSHWAHA M S, HALEVI P, DOBRZYNSKI L, et al. Acoustic bandstructure of periodic elastic composites［J］. Physical Review Letters, 1993, 71（13）：2022-2025.

［5］ KAFESAKI M, ECONOMOU E N. Multiple–scattering theory for three–dimensional periodic acoustic composites［J］. Physical Review B, 1999, 60（17）：11993-12001.

［6］ SIGALAS M M, GARCÍA N. Theoretical study of three dimensional elastic band gaps with the finite–difference time-domain method［J］.Journal of Applied Physics, 2000, 87（6）：3122-3125.

［7］ GOFFAUX C, SANCHEZ–DEHESA J. Two–dimensional phononic crystals studied using a variational method：application to lattices of locally resonant materials［J］. Physical Review B, 2003, 67（14）：1393-1406.

［8］ MEAD D J. Free wave propagation in periodically supported, infinite beams［J］. Journal of Sound and Vibration, 1970, 11（2）：181-197.

［9］ MEAD D J, MARKUS S. Coupled flexural–longitudinal wave motion in a periodic beam［J］. Journal of Sound and Vibration, 1983, 90（1）：1-24.

［10］ 温激鸿，郁殿龙，王刚，等.周期结构细直梁弯曲振动中的振动带隙［J］.机械工程学报，2005，41（4）：1-6.

［11］ 张小铭，张维衡.周期简支梁的振动功率流［J］.振动与冲击，1990，9（3）：28-34.

［12］ 刘见华，金咸定.周期加筋板中的弯曲波传播［J］.噪声与振动控制，2003（5）：22-26.

［13］ 陈荣，吴天行.周期结构空腹梁的动态特性研究［J］.振动与冲击，2013，32（14）：122-126.

［14］ LU J F, LI J H, JENG D S. A model for the energy bands of an"open"–type periodic structure：a periodic viaduct coupled with the half-space［J］. Acta Mechanica, 2012, 223（2）：257-277.

［15］ 徐斌，徐满清.考虑桥墩-水平梁间弹簧接头的周期性高架桥平面内振动能量带分析［J］.振动与冲击，2015，34（2）：125-133.

［16］ 曹艳梅，夏禾.运行列车对高层建筑结构的振动影响［J］.工程力学，2006，23（3）：162-167.

［17］ 盛国刚，李传习，赵冰.多个移动车辆作用下简支梁的动力响应分析［J］.工程力学，2006，23（12）：154-158+99.

［18］ HODGES C H. Confinement of Vibration by Structure Irregulari-ty［J］. Journal of Sound and Vibration, 1982, 82（3）：411-424.

[19] HODGES C H, WOODHOUSE J. Confinement of vibration by one dimensional disorder, I: theory of ensemble averaging[J]. Journal of Sound and Vibration, 1989, 130(2): 237-251.

[20] MEAD D J. A general theory of harmonic wave propagation in linear periodic systems with multiple coupling [J]. Journal of Sound and Vibration, 1973, 27(2): 235-260.

[21] MEAD D J. Wave propagation and natural modes in periodic systems: I. Mono-coupled systems[J]. Journal of Sound and Vibration, 1975, 40(1): 1-18.

[22] MEAD D J. Wave propagation and natural modes in periodic systems: II. Multi-coupled system, with and without damping[J]. Journal of Sound and Vibration, 1975, 40(1): 19-39.

[23] PIERRE C, DOWELL E H. Localization of vibrations by structural irregularity[J]. Journal of Sound and Vibration, 1987, 114(3): 549-564.

[24] BOUZIT D, PIERRE C. Vibration confinement phenomena in disordered, mono-coupled, multi-span beams[J]. Jounal of Vibration and Acoustics, 1992, 114(4): 521-530.

[25] CAI G Q, LIN L Y. Localization of wave propagation in disordered periodic structures[J]. Amer Inst Aeronaut Astronaut Journal, 1991, 29(3): 450-456.

[26] KISSEL G J. Localization factor for multichannel disordered systems[J]. Physical Review A, 1991, 44 (2): 1008-1014.

[27] DONG L, BENAROYA H. Vibration localization in multi-coupled and multi-dimensional near-periodic structures[J]. Wave Motion, 1996, 23(1): 67-82.

[28] CHEN W J. Vibration localization and wave conversion phenomena in a multi-coupled, nearly periodic, disordered truss beam[D]. Michigan University of Michigan, 1993: 92-115.

[29] BOUZIT D, PIERRE C. Wave localization and conversion phenomena in multi-coupled multi-span beams [J]. Chaos Solitons Fractals, 2000, 11(10): 1575-1596.

[30] 李凤明, 胡超. 黄文虎, 等. 失谐周期弹性支撑多跨梁中的波动局部化[J]. 固体力学学报, 2004, 25(1): 83-86.

[31] LI F M, WANG Y S, HU C, et al. Localization of elastic waves in periodic rib-stiffened rectangular plates under axial compressive load[J]. Journal of Sound and Vibration, 2005, 281(1-2): 261-273.

[32] LI F M, WANG Y S. Wave localization in randomly disordered multi-coupled multi-span beams on elastic foundations[J]. Waves in Random and Complex and Media, 2006, 16(3): 261-279.

[33] WOLF A, SWIFT J B, SWINNEY H L, et al. Determining lyapunov exponents from a time series [J]. Physica D: Nonlinear Phenomena, 1985, 16(3): 285-317.

[34] 徐满清, 徐斌, 曾开华. 平面外振动周期性高架桥失谐局部化问题分析[J]. 地震工程学报, 2015, 37(S2): 127-130.

[35] 梁旭黎, 李冬霞, 李源. 隧道围岩与支护结构相互作用的弹塑性分析[J]. 山西建筑, 2008, 34(6): 334-335.

[36] 张明聚, 张文字, 杜修力. 近接桥桩暗挖隧道支护结构内力监测分析[J]. 北京工业大学学报, 2008, 34(8): 830-835.

[37] GOODMAN R E, TAYLOR R L, BREKKE T L A. A model for the mechanics of jointed rock[J]. ASCE Soil Mechanics and Foundation Division Journal, 1968, 99(5): 637-659.

[38] CLOUGH G W, DUNCAN J M. Finite element analysis of retaining wall behavior[J]. Joural of Soil Mechanics and Foundation Engineering, 1971, 97(12): 1657-1673.

[39] 陈慧远. 摩擦接触单元及其分析方法[J]. 水利学报, 1985(4): 44-50.

[40] BOULON M, NOVA R. Modelling of soil-structure interface behaviour: a comparison between elastoplastic and rate type laws[J]. Computers and Geotechnics, 1990, 9(1-2): 21-46.

[41] 殷宗泽, 朱泓, 许国华. 土与结构材料接触面的变形及其数学模拟[J]. 岩土工程学报 1994, 16(3): 14-22.

[42] 卢廷浩, 鲍伏波. 接触面薄层单元耦合本构模型[J]. 水利学报, 2000(2): 71-75.

[43] 安关峰, 高大钊. 接触面弹粘塑性本构关系研究[J]. 土木工程学报, 2001, 34(1): 88-91+105.

[44] 栾茂田, 武亚军. 土与结构间接触面的非线性弹性-理想塑性模型及其应用[J]. 岩土力学, 2004, 25(4): 507-513.

[45] 张嘎, 张建民. 粗粒土与结构接触面受载过程中的损伤[J]. 力学学报, 2004, 36(3): 322-327.

[46] AYDAN O, AKAGI T, KAWAMOTO T. The squeezing potential of rocks around tunnels: theory and prediction[J]. Rock Mechanics and Rock Engineering, 1993, 26(2): 137-163.

[47] 姚国圣, 李镜培, 谷拴成. 考虑岩体扩容和塑性软化的软岩巷道变形解析[J]. 岩土力学, 2009, 30(2): 463-467.

[48] 侯公羽, 李晶晶. 弹塑性变形条件下围岩-支护相互作用全过程解析[J]. 岩土力学, 2012, 33(4): 961-970.

[49] 李心睿, 何江达, 谢红强, 等. 基于复变理论的城门洞型隧洞围岩黏弹性位移解析解[J]. 四川大学学报(工程科学版), 2015, 47(S1): 70-75.

[50] 王华宁, 李悦, 骆莉莎, 等. 应变软化弹塑性岩体中 TBM 施工过程围岩力学状态的理论分析[J]. 岩石力学与工程学报, 2016, 35(2): 356-368.

[51] YANG X L, HUANG F. Influences of strain softening and seepage on elastic and plastic solutions of circular openings in nonlinear rock masses[J]. Journal of Central South University of Technology, 2010, 17(3): 621-627.

[52] YANG X L, HUANG F. Collapse mechanism of shallow tunnel based on nonlinear Hoek - Brown failure criterion[J]. Tunnelling and Underground Space Technology, 2011, 26(6): 686-691.

[53] 赵志强. 大变形回采巷道围岩变形破坏机理与控制方法研究[D]. 北京: 中国矿业大学(北京), 2014.

[54] 朱永全, 李文江, 赵勇. 软弱围岩隧道稳定性变形控制技术[M]. 北京: 人民交通出版社, 2012.

[55] 肖同强, 李化敏, 杨建立, 等. 超大断面硐室围岩变形破坏机理及控制[J]. 煤炭学报, 2014, 39(4), 631-636.

[56] 夏冲. 软岩隧道围岩变形控制技术研究[D]. 成都: 西南交通大学, 2013.

[57] 刘志春, 李文江, 朱永全, 等. 软岩大变形隧道二次衬砌施作时机探讨[J]. 岩石力学与工程学报, 2008, 27(3): 580-588.

[58] 马士伟, 韩学诠, 廖凯. 浅埋大断面黄土隧道防塌方实时监测预警[J]. 现代隧道技术, 2014, 51(2): 11-15+22.

[59] 张文强, 王庆林, 李建伟. 木寨岭隧道大变形控制技术[J]. 隧道建设, 2010, 30(2): 157-161.

[60] 孙洋, 陈建平, 余莉, 等. 浅埋偏压隧道软岩大变形机理及施工控制分析[J]. 现代隧道技术, 2013, 50(5): 169-174+178.

[61] 任建喜, 党超. 马鞍子梁软岩隧道围岩变形规律及支护技术模拟分析[J]. 施工技术, 2012, 41(1): 87-91.

[62] 李国良, 刘志春, 朱永全. 兰渝铁路高地应力软岩隧道挤压大变形规律及分级标准研究[J]. 现代隧道技术, 2015, 52(1): 62-68.

[63] 李燕, 杨林德, 董志良, 等. 各向异性软岩的变形与渗流耦合特性试验研究[J]. 岩土力学, 2009, 30(5): 1231-1236.

[64] 王章琼, 晏鄂川, 黄祥嘉, 等. 鄂西北片岩变形参数各向异性及水敏性研究[J]. 岩石力学与工程学报, 2014, 33(S2): 3967-3972.

[65] 汪成兵. 软弱破碎隧道围岩渐进性破坏机理研究[D]. 上海：同济大学，2007.

[66] 冯亚松. 挤压性炭质千枚岩隧道模型试验及围岩变形特征研究[D]. 兰州：兰州交通大学，2015.

[67] 张德华，雷可，谭忠盛，等. 软岩大变形隧道双层初期支护承载性能对比试验研究[J]. 土木工程学报，2017，50(S2)：86-92.

[68] 余庆锋. 绢云母软质片岩隧道施工期围岩变形特征及支护技术研究[D]. 武汉：中国地质大学，2016.

[69] CLOUGH R W. The finite element in plane stress analysis：A. S. C. E. Conf. on electronic computation [C]. Pittsburgh：Pennsylvania，1960(2)：78-345.

[70] 周健，陆丽君，贾敏才. 基于 Flac2D 数值模拟方法的盾构隧道地层损失率研究[J]. 地下空间与工程学报，2014，10(4)：902-907.

[71] CUNDALL P A，STRACK O D L. A discrete numerical mode for granular assemblies[J]. Geotechnique，1979，29(1)：47-65.

[72] RIZZO F J. An integral equation approach to boundary value problems of classical elastostatics[J]. Quarterly of Applied Mathematics，1967，25(1)：83.

[73] 邵珠山，张艳玲，王新宇，等. 大跨软岩隧道二衬合理支护时机的分析与优化[J]. 地下空间与工程学报，2016，12(4)：996-1001.

[74] 刘琴琴，范进，章杨松. 基于 ABAQUS 的隧道围岩与支护结构受力特性分析：第 2 届全国工程安全与防护学术会议论文集(下册)[C]. 北京：中国岩石力学与工程学会，2010：48-52.

[75] 付思远. 软岩大变形隧道施工关键技术研究[D]. 北京：北京工业大学，2015.

[76] 张咪，曾阳益，邓通海，等. 深埋软岩隧道开挖及支护变形特征研究[J]. 水电能源科学，2017，35(1)：123-127.

[77] 于崇，李海波，周庆生. 大连地下石油储备库洞室群围岩稳定性及渗流场分析[J]. 岩石力学与工程学报，2012，31(S1)：2704-2710.

[78] 刘登富，陈寿根，周莹. 基于离散单元法的软岩隧道施工过程数值模拟与围岩变形分析[J]. 公路，2012(4)：238-243.

[79] 王正兴，施焱. 砂土地层中隧道施工引起土层沉降的颗粒流模拟研究[J]. 隧道建设，2016，36(2)：158-163.

[80] 朱合华. 隧洞掘进面时空效应的研究——边界单元法的若干进展及其工程应用[D]. 上海：同济大学，1989.

[81] 许建聪. 降雨作用下浅埋隧道支护参数正交反演分析[J]. 地下空间与工程学报，2008，4(5)：897-905.

[82] YANG Y B，HUNG H H. Soil vibrations caused by underground moving trains[J]. Journal of Geotechnical & Geoenvironmental Engineering，2008，134(11)：1633-1644.

[83] BIAN X C，JIN W F，JIANG H G. Ground-borne vibrations due to dynamic loadings from moving trains in subway tunnels[J]. Journal of Zhejiang University-Science A(Applied Physics and Engineering)，2012，13(11)：870-876.

[84] BIAN X C，JIANG H G，CHANG C，et al. Track and ground vibrations generated by high-speed train unning on ballastless railway with excitation of vertical track irregularities[J]. Soil Dynamics & Earthquake Engineering，2015，76：29-43.

[85] 刘卫丰，刘维宁，Gupta S，等. 地下列车移动荷载作用下隧道及自由场的动力响应解[J]. 振动与冲击，2008，27(5)：81-84+175-176.

[86] GUPTA S，DEGRANDE G. Modelling of continuous and discontinuous floating slab tracks in a tunnel using a periodic approach[J]. Journal of Sound & Vibration，2010，329(8)：1101-1125.

［87］METRIKINE A V, VROUWENVELDER A C W M. Surface ground vibration due to a moving train in a tunnel: Two-dimensional model［J］. Journal of Sound & Vibration, 2000, 234（1）: 43-66.

［88］SHENG X, JONES C J C, THOMPSON D J. Ground vibration generated by a harmonic load moving in a circular tunnel in a layered ground［J］. Journal of Low Frequency Noise Vibration & Active Control, 2003, 22（2）: 83-96.

［89］YI C P, LU W B, ZHANG P, et al. Effect of imperfect interface on the dynamic response of a circular lined tunnel impacted by plane P-waves［J］. Tunnelling & Underground Space Technology, 2016, 51: 68-74.

［90］FORREST J A, HUNT H E M. Ground vibration generated by trains in underground tunnels［J］. Journal of Sound & Vibration, 2006, 294（4-5）: 706-736.

［91］ALEKSEEVA L A, UKRAINETS V N. Dynamics of an elastic half-space with a reinforced cylindrical cavity under moving loads［J］. International Applied Mechanics, 2009, 45（9）: 981-990.

［92］KUMAR R, MIGLANI A. Radial displacements of an infinite liquid saturated porous medium with spherical cavity［J］. Proceedings of the Indian Academy of Sciences-Section A, 1997, 107（1）: 57-70.

［93］丁伯阳, 党改红, 袁金华. Green 函数对饱和土隧道内集中荷载作用振动位移反应的计算［J］. 振动与冲击, 2009, 28（11）: 110-114+207.

［94］SENJUNTICHAI T, RAJAPAKSE R K N D. Transient response of a circular cavity in a poroelastic medium［J］. International Journal for Numerical & Analytical Methods in Geomechanics, 1993, 17（6）: 357-383.

［95］杨峻, 宫全美, 吴世明, 等. 饱和土体中圆柱形孔洞的动力分析［J］. 上海力学, 1996（1）: 37-45.

［96］刘干斌, 谢康和, 施祖元. 黏弹性饱和多孔介质中圆柱孔洞的频域响应［J］. 力学学报, 2004, 36（5）: 557-563.

［97］HASHEMINEJAD S M, HOSSEINI H. Dynamic stress concentration near a fluid-filled permeable borehole induced by general modal vibrations of an internal cylindrical radiator［J］. Soil Dynamics & Earthquake Engineering, 2002, 22（6）: 441-458.

［98］HASHEMINEJAD S M, KOMEILI M. Effect of imperfect bonding on axisymmetric elastodynamic response of a lined circular tunnel in poroelastic soil due to a moving ring loading［J］. International Journal of Solids & Structures, 2009, 46（2）: 398-411.

［99］LU J F, JENG D S. Dynamic response of a circular tunnel embedded in a saturated poroelastic medium due to a moving load［J］. Journal of Vibration & Acoustics, 2006, 128（6）: 750-756.

［100］黄晓吉, 扶名福, 徐斌. 移动环形荷载作用下饱和土中圆形衬砌隧洞动力响应研究［J］. 岩土力学, 2012, 33（3）: 892-898.

［101］YUAN Z, XU C, CAI Y, et al. Dynamic response of a tunnel buried in a saturated poroelastic soil layer to a moving point load［J］. Soil Dynamics & Earthquake Engineering, 2015, 77: 348-359.

［102］曾晨, 孙宏磊, 蔡袁强, 等. 饱和土体中衬砌隧道在移动荷载下的动力响应［J］. 浙江大学学报（工学版）, 2015, 49（3）: 511-521.

［103］徐飞. 炭质千枚岩隧道围岩流变机制与让抗耦合支护结构研发及工程应用［D］. 济南: 山东大学, 2017.

［104］任奋华, 刘兵, 杨志军. 强风化千枚岩高边坡稳定性分析与治理研究［J］. 中国矿业, 2010, 19（5）: 97-99.

［105］罗丽娟, 赵法锁, 王爱忠. 某变质岩滑坡及支护结构变形破坏特征［J］. 地球科学与环境学报, 2008, 30（2）: 177-182.

［106］罗小杰. 千枚岩的工程性能［J］. 人民长江, 1994, 25（12）: 48-52.

［107］郑达, 巨能攀. 千枚岩岩石微观破裂机理与断裂特征研究［J］. 工程地质学报, 2011, 19（3）:

317-322.

[108] 吴永胜, 谭忠盛, 余贤斌, 等. 龙门山北段千枚岩强度及变形特性对比试验研究[J]. 岩土工程学报, 2017, 39(6): 1106-1114.

[109] 吴永胜, 谭忠盛, 喻渝, 等. 川西北茂县群千枚岩各向异性力学特性[J]. 岩土力学, 2018, 39(1): 207-215.

[110] 朱彦鹏, 张强, 马天忠, 等. 舟曲某千枚岩与砾石土质高边坡现场剪切试验及稳定性分析研究[J]. 防灾减灾工程学报, 2015, 35(3): 404-410.

[111] 何振海, 宋少军, 曹宗明. 眼前山铁矿上盘千枚岩边坡研究[J]. 中国矿业, 2000(S1): 97-102.

[112] 凌必胜, 郑建中. 高陡碎裂结构千枚岩路堑边坡稳定性分析与支护设计[J]. 地质灾害与环境保护, 2009, 20(2): 33-36.

[113] 杨烨, 阎宗岭. 汶马公路千枚岩路基填筑技术[J]. 公路交通技术, 2009(6): 14-16+20.

[114] 曾照勇. 广甘高速公路杜家山隧道千枚岩地质综合施工技术[J]. 建筑工程, 2011(4): 99.

[115] 罗芳. 千枚岩地区的加筋土挡墙施工[J]. 隧道建设, 2008, 28(2): 240-242.

[116] 陈唯一. 乌鞘岭隧道千枚岩地层初期支护参数研究[J]. 铁道工程学报, 2006(3): 37-39.

[117] 张利平, 黄成俊. 乌鞘岭隧道千枚岩大变形段平导扩挖爆破有关影响分析[J]. 铁道标准设计, 2006(8): 73-75.

[118] 魏守谦, 康玉清. 碧口水电站千枚岩中开挖地下结构的岩体变形问题[J]. 甘肃电力, 1991(1): 38-44.

[119] 杨永波. 边坡监测与预测预报智能化方法研究[D]. 武汉: 中国科学院大学(中国科学院武汉岩土力学研究所), 2005.

[120] 山田刚二, 渡正亮, 小桥澄治. 滑坡和斜坡崩坍及其防治[M]. 北京: 科学出版社, 1980.

[121] ARNOULD M. Geological hazards-insurance and legal and tehnical aspects[J]. Bulletin of Engineering Geology and the Environment, 1976, 13(1): 263-274.

[122] 王思敬. 工程地质学新进展: 第六届国际工程地质大会论评[M]. 北京: 北京科学技术出版社, 1991.

[123] 秦四清, 张倬元, 黄润秋. 滑坡灾害预报的非线性动力学方法[J]. 水文地质工程地质, 1993(5): 1-4+58.

[124] 黄志全, 王思敬. 边坡失稳时间预报的协同-分岔模型及其应用[J], 中国科学 E 辑, 2003, 33(S1): 94-100.

[125] 黄志全, 崔江利, 刘汉东. 边坡稳定性预测的混沌神经网络方法[J]. 岩石力学与工程学报, 2004, 23(22): 3808-3812.

[126] 孙金山, 陈明, 左昌群, 等. 降雨型浅层滑坡危险性预测模型[J]. 地质科技情报, 2012, 31(2): 117-121.

[127] 贺可强, 郭璐, 陈为公. 降雨诱发堆积层滑坡失稳的位移动力评价预测模型研究[J]. 岩石力学与工程学报, 2015, 34(S2): 4204-4215.

[128] 贺可强, 郭栋, 张朋, 等. 降雨型滑坡垂直位移方向率及其位移监测预警判据研究[J]. 岩土力学, 2017, 38(12): 3649-3659+3669.

[129] 陈祖煜. 土质边坡稳定分析——原理·方法·程序[M]. 北京: 中国水利电力出版社. 2003.

[130] 郝晓燕, 武移风, 虞丽云. 半填半挖式高填深挖路基病害成因分析[C]//山西省高速公路管理局主编. 高速公路文集. 北京: 人民交通出版社, 2000: 205-2099.

[131] 周志刚, 郑健龙. 老路拓宽设计方法的研究[J]. 长沙交通学院学报, 1995, 11(3): 50-56.

[132] 周志刚, 郑健龙. 旧路拓宽设计中的有限元分析[J]. 力学与实践, 1995, 17(5): 18-20.

[133] 王鹏飞, 马松林, 王彩霞. 加宽路堤的沉降计算与预测分析[C]//中国公路学会道路工程分会.

2004 年道路工程学术交流会论文集.北京：人民交通出版社，2004：77-81.

[134] 凌建明，钱劲松，黄琴龙. 路基拓宽工程的损坏模式和设计指标[C]//中国公路学会道路工程分会. 2004 年道路工程学术交流会论文集，2004：89-95.

[135] 钱劲松. 新老路基不协调变形及控制技术研究[D]. 上海：同济大学，2004.

[136] 黄琴龙. 基于不协调变形控制的路基拓宽设计理论与方法[D]. 上海：同济大学，2004.

[137] 胡汉兵，饶锡保，陈云. 软土地基新老路堤搭接的岩土工程问题和处理对策[J]. 岩土力学，2004，25(S2)：321-324.

[138] 丁浩. 高速公路特殊结构的填土路堤变形特性及相关公路病害研究[D]. 北京：中国地质大学(北京)，2002.

[139] 颜春，黎兆联. 路基不均匀沉降的原因与处治措施[J]. 广西交通科技. 2002，27(4)：32-36.

[140] 帅红岩，陈少平，曾执. 深基坑支护结构变形特征的数值模拟分析[J]. 岩土工程学报，2014，36(S2)：374-380.

[141] 李方成，郭利娜，胡斌，等. 基于 MIDAS 软件探讨施工工序对深基坑稳定性的影响[J]. 长江科学院院报，2013，30(3)：49-55.

[142] 中铁第一勘察设计院集团有限公司. 铁路工程岩石试验规程：TB 10115—2014[S]. 北京：中国铁道出版社，2014.

[143] 熊德国，赵忠明，苏承东，等. 饱水对煤系地层岩石力学性质影响的试验研究[J]. 岩石力学与工程学报，2011，30(5)：998-1006.

[144] 胡斌，刘强，蒋海飞，等. 岩石直剪实验数据处理的组合法研究[J]. 人民长江，2012，43(19)：51-55.

[145] 中铁第一勘察设计院集团有限公司. 铁路工程水文地质勘察规范：TB 10049—2014[S]. 北京：中国铁道出版社，2014.

[146] 房倩，张顶立，王毅远，等. 高速铁路隧道初支、二衬间接触压力研究[J]. 岩石力学与工程学报，2011，30(S2)：3377-3385.

[147] 李鹏飞，张顶立，赵勇，等. 大断面黄土隧道二次衬砌受力特性研究[J]. 岩石力学与工程学报，2010，29(8)：1690-1696.

图书在版编目(CIP)数据

软弱岩土体与结构相互作用效应在工程中的应用研究 /
荣耀等编著. —长沙：中南大学出版社，2022.9
ISBN 978-7-5487-5019-2

Ⅰ. ①软… Ⅱ. ①荣… Ⅲ. ①软弱岩石－土动力学－
应用－研究 Ⅳ. ①TU435

中国版本图书馆 CIP 数据核字(2022)第 134991 号

软弱岩土体与结构相互作用效应在工程中的应用研究
**RUANRUO YAN TUTI YU JIEGOU XIANGHU ZUOYONG XIAOYING ZAI
GONGCHENG ZHONG DE YINGYONG YANJIU**

荣 耀 俞俊平 朱利晴 孙 斌 孙 洋 吴文清 编著

□出 版 人	吴湘华
□责任编辑	刘颖维
□责任印制	李月腾
□出版发行	中南大学出版社
	社址：长沙市麓山南路　　　邮编：410083
	发行科电话：0731-88876770　　传真：0731-88710482
□印　　装	长沙印通印刷有限公司

□开　　本	787 mm×1092 mm 1/16	□印张 13.5	□字数 341 千字
□版　　次	2022 年 9 月第 1 版	□印次	2022 年 9 月第 1 次印刷
□书　　号	ISBN 978-7-5487-5019-2		
□定　　价	98.00 元		